电工电子技术及其应用研究

崔祥霞◎著

CCTP 中国商務出版社
CHINA COMMERCE AND TRADE PRESS

图书在版编目（CIP）数据

电工电子技术及其应用研究 / 崔祥霞著. -- 北京：中国商务出版社，2022. 12

ISBN 978-7-5103-4549-4

Ⅰ. ①电… Ⅱ. ①崔… Ⅲ. ①电工技术-研究②电子技术-研究 Ⅳ. ①TM②TN

中国版本图书馆 CIP 数据核字（2022）第 236378 号

电工电子技术及其应用研究

DIANGONG DIANZI JISHU JIQI YINGYONG YANJIU

崔祥霞　著

出　　版：中国商务出版社
地　　址：北京市东城区安外东后巷 28 号　　**邮　　编**：100710
责任部门：外语事业部（010-64283818）
责任编辑：李自满
直销客服：010-64283818
总 发 行：中国商务出版社发行部（010-64208388　64515150）
网购零售：中国商务出版社淘宝店（010-64286917）
网　　址：http：//www. cctpress. com
网　　店：https：//shop162373850. taobao. com
邮　　箱：347675974@ qq. com
印　　刷：北京四海锦诚印刷技术有限公司
开　　本：787 毫米×1092 毫米　1/16
印　　张：12　　**字　　数**：248 千字
版　　次：2023 年 5 月第 1 版　　**印　　次**：2023 年 5 月第 1 次印刷
书　　号：ISBN 978-7-5103-4549-4
定　　价：64. 00 元

前 言

信息化和科学技术不断地发展推动了我国电工电子科技领域的进步，电工电子技术能够有效地促进国家经济和科技的稳步前进，受到国家和社会多个领域的重视。不同方向的电工电子技术能够有效地提高生产领域的工作效率，促进我国社会朝着现代化和信息化的方向发展。科学技术不断地创新和实践，对电工电子技术有了更高的要求，原有的电工电子技术已经无法适应发展需要。为了取得突破性的进展，要对电工电子技术有新的认识，从现有技术发展背景出发，对电工电子技术进行适当的改革。

近年来，电工电子技术也得到了快速的发展，在各个行业得到了大量的推广应用。在新时期的背景下，电工电子技术一旦获得了技术突破，将会极大地推动社会的进步，因此电工电子技术的研究已经成为当前我国电气行业的重要课题。本书是电工电子技术及其应用研究方向的著作。本书从电工基础介绍入手，针对电能与电源、供配电基础、安全用电、常用电工材料进行了分析研究；另外对电子元器件、正弦交流电路及应用、低压电气与电动机控制电路、直流稳压电源的应用做了一定的介绍；还剖析了门电路与组合逻辑电路、触发器和时序逻辑电路等内容。旨在摸索出一条适合现代电工电子应用的科学道路，帮助其工作者在实践中少走弯路，运用科学方法，提高工作效率。对电工电子技术及其应用研究有一定的借鉴意义。

在本书的策划和编写过程中，曾参阅了国内外有关的大量文献和资料，从其中得到启示；同时也得到了有关领导、同事、朋友及学生的大力支持与帮助。在此致以衷心的感谢。本书的选材和编写还有一些不尽如人意的地方，加上编者学识水平和时间所限，书中难免存在缺点，敬请同行专家及读者指正，以便进一步完善提高。

目 录

第一章　电工基础

第一节　电能与电源

一、电能

（一）电能的产生

电能是大自然能量循环中的一种转换形式。

能源是自然界赋予人类生存和社会发展的重要物质资源，自然界固有的原始能源称为一次能源，分为可再生能源和不可再生能源两类。一次能源包括煤炭、石油、天然气以及太阳能、风能、水能、地热能、海洋能、生物能等。其中太阳能、风能、水能、地热能、海洋能、生物能等在自然界中能不断得到补充，或者可以在较短的周期内再产生出来，属于可再生能源；煤炭、石油、天然气、核能等能源的形成要经过亿万年，在短期内无法恢复再生，属于不可再生能源。

电能是一种二次能源，主要是由不可再生的一次能源转化或加工而来的。其主要的转化途径是化石能源的燃烧，即将化学能转化为热能；加热水使其汽化成蒸汽并推动汽轮机运行，从而将热能转化为机械能；最后由汽轮机带动发电机利用电磁感应原理将机械能转化为电能。

电能因具有清洁安全、输送快速高效、分配便捷、控制精确等一系列优点，成为迄今为止人类文明史上最优质的能源，它不仅易于实现与其他能量（如机械能、热能、光能等）的相互转换，而且容易控制与变换，便于大规模生产、远距离输送和分配，同时还是信息的载体，在人类现代生产、生活和科研活动中发挥着不可替代的作用。

（二）电能的特点

与其他能源相比，电能具有以下特点：①电能的产生和利用比较方便。电能可以采用大规模的工业生产方法集中获得，且把其他能源转换为电能的技术相对成熟。②电能可以远距离传输，且损耗较低，在输送方面具有实时、方便、高效等特点。③电能能够很方便地转化为其他能量，能够用于各种信号的发生、传递和信息处理，实现自动控制。④电能本身的产生、传输和利用的过程已能实现精确可靠的自动化信息控制。电力系统各环节的自动化程度也相对较高。

（三）电能的应用

电能的应用非常广泛，在工业、农业、交通运输、国防建设、科学研究及日常生活中的各个方面都有所应用。电能的生产和使用规模已经成为社会经济发展的重要标志。电能的主要应用方面包括：①电能转换成机械能，作为机械设备运转的动力源。②电能转换为光和热，如电气照明。③化工、轻工业行业中的电化学产业如电焊、电镀等在生产过程中要消耗大量的电能。④家用电器的普及，办公设备的电气化、信息化等，使各种电子产品深入生活，信息化产业的高速发展也使用电量急剧增加。

二、电源

电源是电路的源泉，它为电路提供电能。现在应用的电源有各种干电池电源、太阳能电源、风力发电电源、火力发电电源、水力发电电源、核能发电电源等。

（一）直流电源

直流电源是电压和电流的大小与方向不随时间变化的电源，是维持电路中形成稳恒电流的装置。常见的直流电源有：干电池、蓄电池、直流发电机等。

为了更直观地描述直流电源的特性，可以用一种由理想电路元件组成的电路模型来表示实际情况。常用的理想电路元件有电压源和电流源两种。

1. 电压源

（1）定义

电压源是一种理想的电路元件，其两端的电压总能保持定值或一定的时间函数，且电压值与流过它的电流无关。

（2）电路符号

电压源的图形符号如图 1-1 所示。

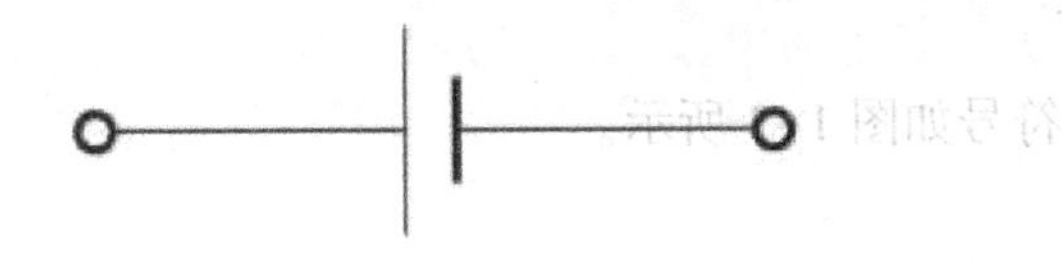

(a) 直流电源

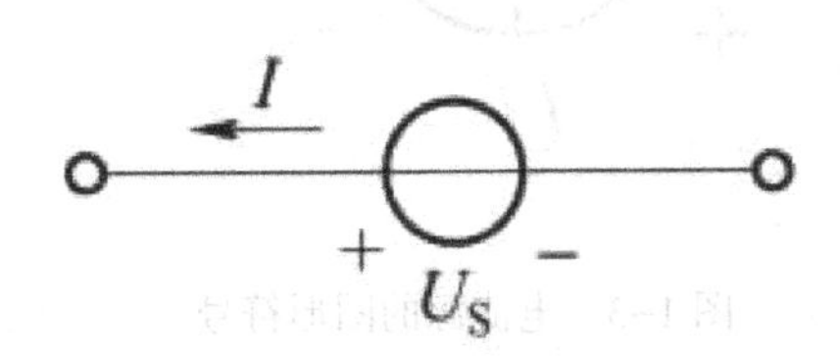

(b) 理想电压源

图 1-1　电压源的图形符号

(3) 理想电压源的电压、电流关系

电源两端的电压由电源本身决定，与外电路无关；且与流经它的电流方向、大小无关。通过电压源的电流由电源及外电路共同决定，其伏安特性曲线如图 1-2 所示。

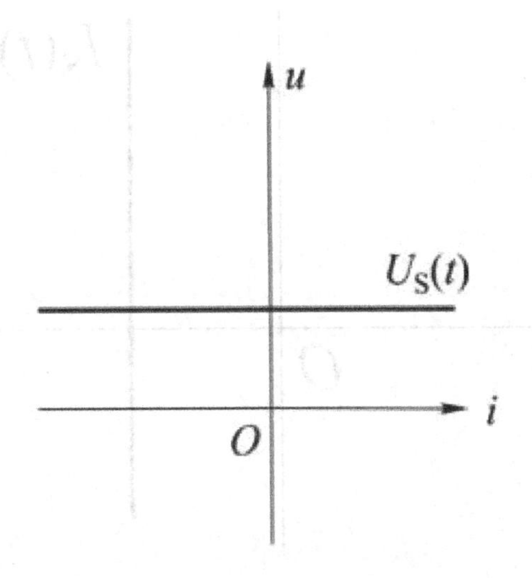

图 1-2　电压源的伏安特性曲线

2. 电流源

(1) 定义

电流源是另一种理想的电路元件，不管外部电路如何，其输出的电流总能保持定值或一定的时间函数，其值与它两端的电压无关。

（2）电路符号

电流源的图形符号如图 1-3 所示。

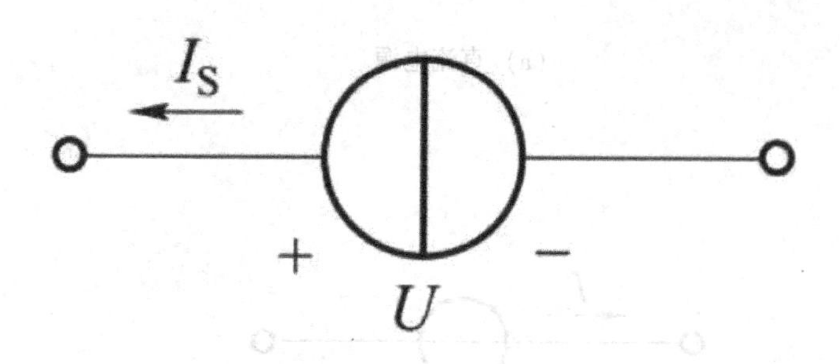

图 1-3　电流源的图形符号

（3）理想电流源的电压、电流关系

电流源的输出电流由电源本身决定，与外电路无关；且与它两端电压无关。电流源两端的电压由其本身的输出电流及外部电路共同决定，其伏安特性曲线如图 1-4 所示。

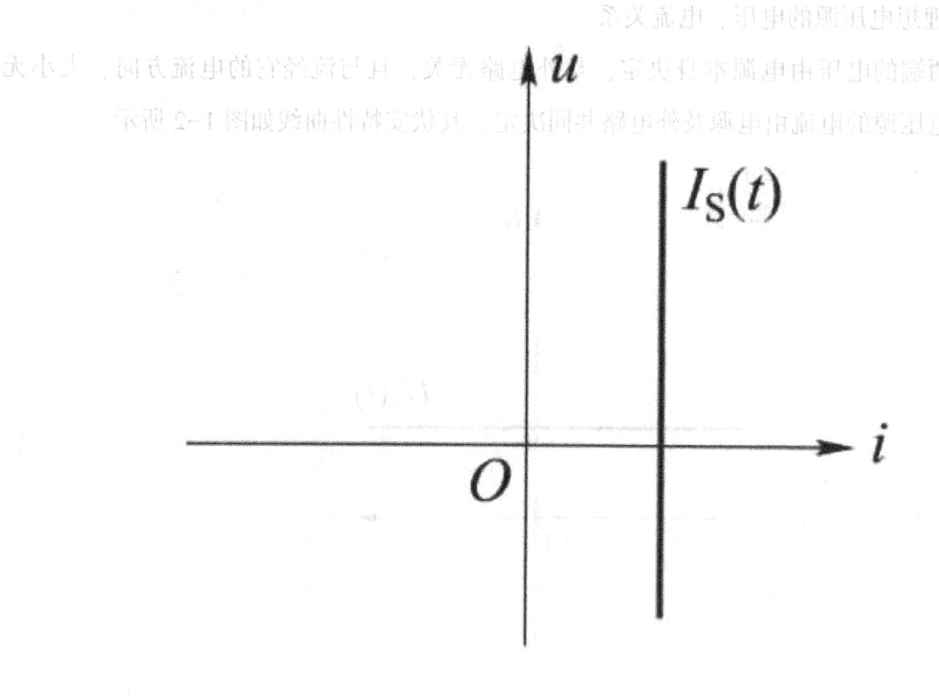

图 1-4　电流源的伏安特性曲线

（二）交流电源

日常生产生活中的用电多为交流电，这种交流电一般指的是正弦交流电。

正弦信号是一种基本信号，任何复杂的周期信号都可以分解为按正弦规律变化的分

量。因此，对正弦交流电的分析研究具有重要的理论价值和实际意义。

正弦交流电量是电流、电压随时间按正弦规律做周期性变化的电量。它是由交流发电机或正弦信号发生器产生的。

以电流为例，其瞬时值表达式为：

$$i(t) = I_m \cos(\omega t + \psi)$$

式中，I_m 为正弦量的振幅，是正弦量在整个振荡过程中达到的最大值；$(\omega t + \psi)$ 为随时间变化的角度，称为正弦量的相位或相角；ω 为正弦量的角频率，表示正弦量的相位随时间变化的角速度；ψ 为正弦量在 t = 0 时刻的相位，称为正弦量的初相位。

幅值 I_m 、角频率 ω 和初相位 ψ 称为正弦量的三要素。对于任意正弦交流电量，当其幅值 I_m 、角频率 ω 和初相位 ψ 确定后，该正弦量就能完全确定。

1. 幅值

幅值（也叫振幅、最大值）是反映正弦量变化过程中所能达到的最大幅度。

正弦量在任一瞬间的值称为瞬时值，用小写字母来表示，如 i，u，e 分别表示电流、电压及电动势的瞬时值。瞬时值中最大的值称为幅值或最大值，用 I_m、U_m、E_m 表示。

2. 周期与频率

（1）周期

正弦量变化一次所需的时间称为周期 T，单位为 s（秒）。

（2）频率

每秒内变化的次数称为频率 f，单位为 Hz（赫兹）。频率是周期的倒数，即

$$f = \frac{1}{T}$$

我国和大多数国家，电网频率都采用交流 50Hz 作为供电频率，有些国家如美国、日本等供电频率为 60Hz。其他不同领域使用的频率也不同，如表 1-1 所示。

表 1-1　不同领域使用的频率

领域	使用频率
高频炉	200~300kHz
中频炉	500~8000Hz
高速电动机电源	1500~2000kHz
收音机中波段	530~1600kHz
收音机短波段	2.3~23MHz
移动通信	900MHz、1800MHz

续表

领域	使用频率
无线通信	300GHz

（3）角频率

角频率 ω 为相位变化的速度，反映正弦量变化的快慢，单位为 rad/s（弧度/秒）。它与周期和频率的关系为：

$$\omega = \frac{2\pi}{T} = 2\pi f$$

3. **初相位**

（1）相位

相位是反映正弦量变化的进程。

（2）初相位

初相位 ψ 表示正弦量在 $t = 0$ 时的相角。

（3）相位差

相位差是用来描述电路中两个同频正弦量之间相位关系的量。设

$$u(t) = U_m \cos(\omega t + \psi_w), \quad i(t) = I_m \cos(\omega t + \psi_i)$$

则相位差为：

$$\varphi = (\omega t + \psi_u) - (\omega t + \psi_i) = \psi_u - \psi_i$$

式中，同频正弦量之间的相位差等于初相之差，如果 $\varphi > 0$，称 u 超前 i，或 i 滞后 u，表明 u 比 i 先达到最大值，如图 1-5（a）所示；如果 $\varphi < 0$，称 i 超前 u，或 u 滞后 i，表明 i 比 u 先达到最大值，如图 1-5（b）；如果 $\varphi = 0$，称 i 与 u 同相，如图 1-5（c）所示。

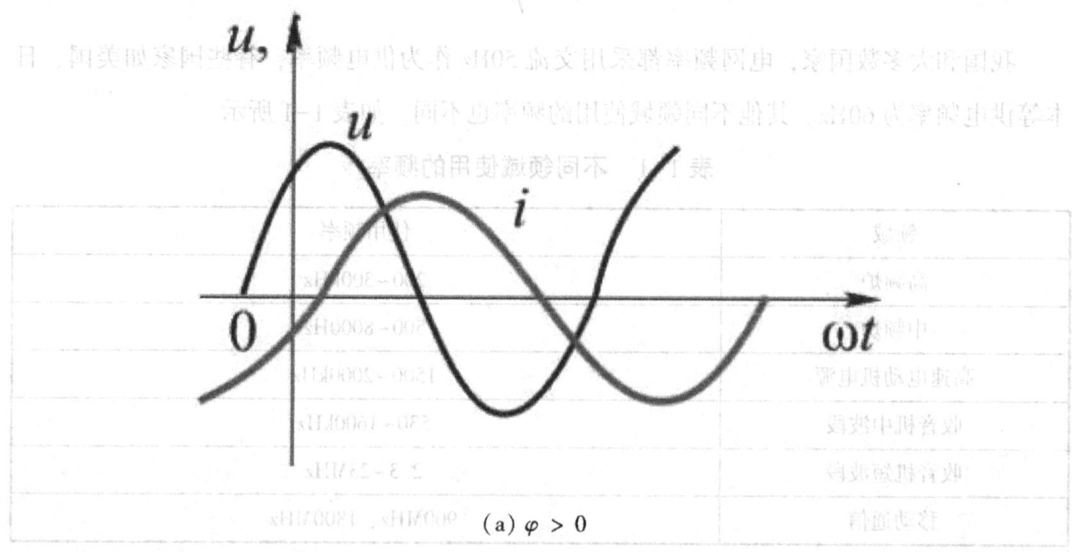

(a) $\varphi > 0$

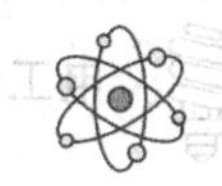

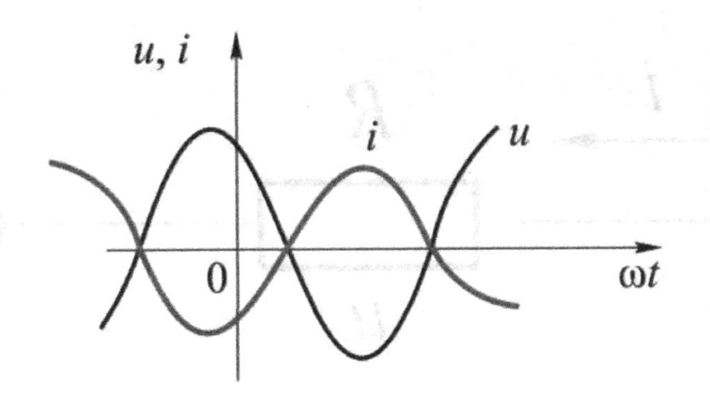

(b) $\varphi < 0$

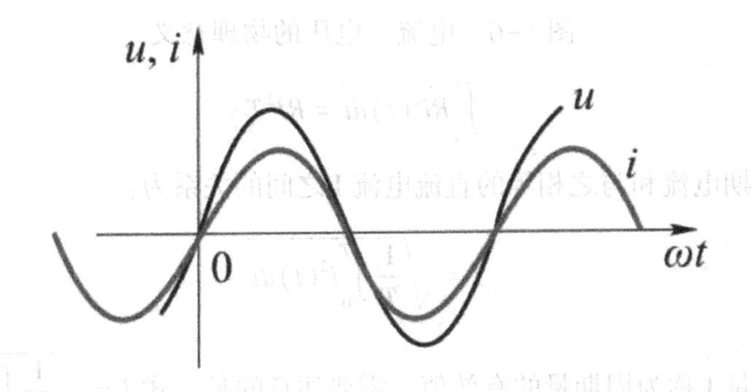

(c) $\varphi = 0$

图 1-5 不同相位差的电压、电流波形

4. 有效值

正弦电流、电压和电动势的大小，往往不是用它们的幅值而是用有效值来计算的。

有效值：与交流热效应相等的直流被定义为交流电的有效值。有效值是从电流的热效应来规定的。周期性电流、电压的瞬时值随时间而变化，为了衡量其平均效应，工程上常采用有效值来表示。周期电流、电压有效值的物理意义如图 1-6 所示，通过比较直流电流 I 和交流电流 i 在相同时间 T 内流经同一电阻 R 产生的热效应，即令

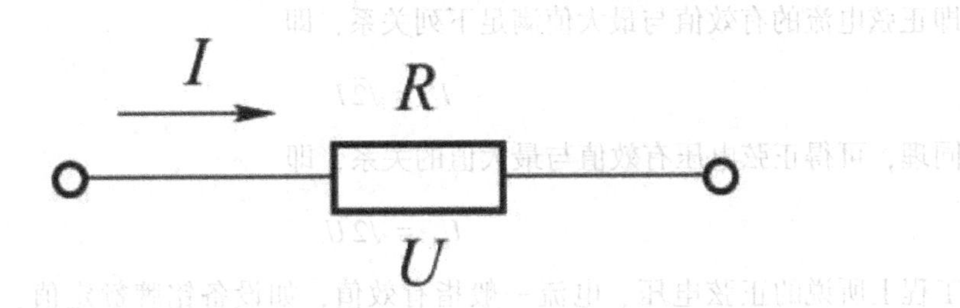

(a) 直流

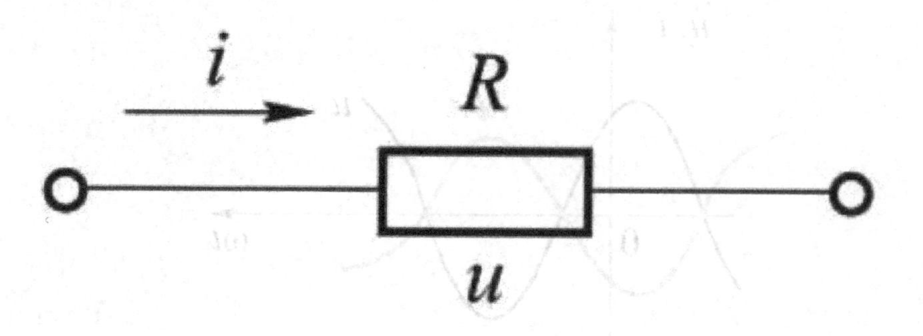

(b) 交流

图 1-6　电流、电压的物理意义

$$\int_0^T Ri^2(t)\,dt = RI^2T$$

从中获得周期电流和与之相等的直流电流 I 之间的关系为：

$$I = \sqrt{\frac{1}{T}\int_0^T i^2(t)\,dt}$$

式中，直流量 I 称为周期量的有效值。需要注意的是，式 $I = \sqrt{\frac{1}{T}\int_0^T i^2(t)\,dt}$ 只适用于周期变化的量，不适用于非周期变化的量。

当周期电流为正弦量时，$i(t) = I_m\cos(\omega t + \psi_i)$，则相应的有效值为：

$$I = \sqrt{\frac{1}{T}\int_0^T I_m^2\cos^2(\omega t + \psi)\,dt}$$

因为 $\int_0^T \cos^2(\omega t + \psi)\,dt = \int_0^T \frac{1 + \cos 2(\omega t + \psi)}{2}dt = \frac{1}{2}t\Big|_0^T = \frac{1}{2}T$，所以

$$I = \sqrt{\frac{1}{T}I_m^2\frac{T}{2}} = \frac{I_m}{\sqrt{2}} = 0.707I_m$$

即正弦电流的有效值与最大值满足下列关系，即

$$I_m = \sqrt{2}I$$

同理，可得正弦电压有效值与最大值的关系，即

$$U_m = \sqrt{2}U$$

工程上所说的正弦电压、电流一般指有效值，如设备铭牌额定值、电网的电压等级等。但绝缘水平、耐压值指的是最大值。因此，在考虑电气设备的耐压水平时应按最大值考虑。测量中，交流测量仪表指示的电压、电流读数一般为有效值。应用时须注意区分电流、电压的瞬时值 i，u，最大值 I_m，U_m 和有效值 I、U 的符号。

第二节　供配电基础

把各种电路元件以某种方式互连而形成的某种能量或信息的传输通道称为电路，或者称为电路网路。

一、三相电路

三相电路是由三个频率相同、振幅相同、相位彼此相差120°的正弦电动势作为供电电源的电路。三相电力系统由三相电源、三相负载和三相输电线路三部分组成。

三相电路具有如下优点：①发电方面：比单相电源提高50%的功率。②输电方面：比单相输电节省25%的钢材。③配电方面：三相变压器比单相变压器经济且便于接入负载。④运电设备：具有结构简单、成本低、运行可靠、维护方便等优点。

以上优点使得三相电路在动力方面获得了广泛的应用，是目前电力系统中采用的主要供电方式。三相电路在生产上应用最为广泛，发电和输配电一般都采用三相制。在用电方面，最主要的负载是三相电动机。

（一）对称三相电源

对称三相电源通常由三相同步发电机产生对称三相电源。如图1-7（a）所示，发电机的静止部分叫作定子。在定子内壁槽中放置几何尺寸、形状和匝数都相同的三个绕组U1U2、V1V2、W1W2。三相绕组在空间互差120°，当转子以均匀角速度ω转动时，在三相绕组中产生感应电压，分别为u_1，u_2，u_3，从而形成图1-7（b）所示的对称三相电源。其中U1、V1、W1三端称为始端，U2、V2、W2三端称为末端。发电机的转动部分叫作转子，它的磁极由直流机电励磁沿定子和转子间曲空隙产生按正弦规律分布的磁场。当转子以角速度ω沿顺时针方向做匀速旋转时，在各绕组中产生的电动势必然频率相同、最大值相等。又由于三相绕组依次切割转子磁场的磁感线，因此其出现电动势最大值的时间就不相同，即在相位上互差120°。

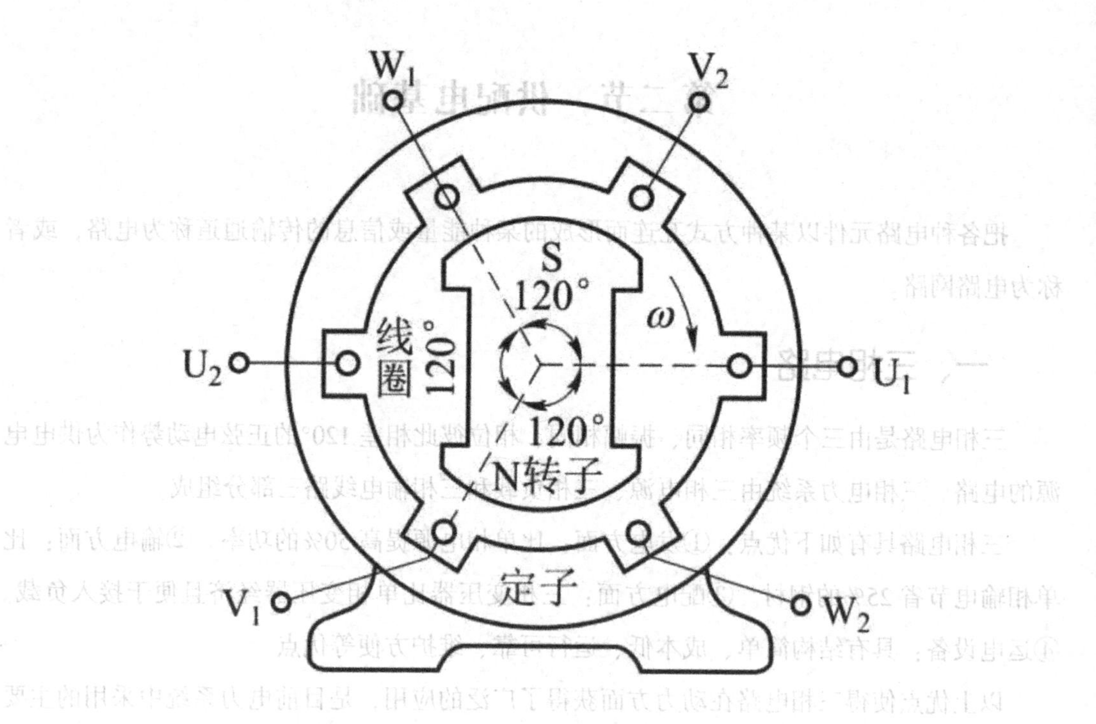

(a) 三相交流发电机

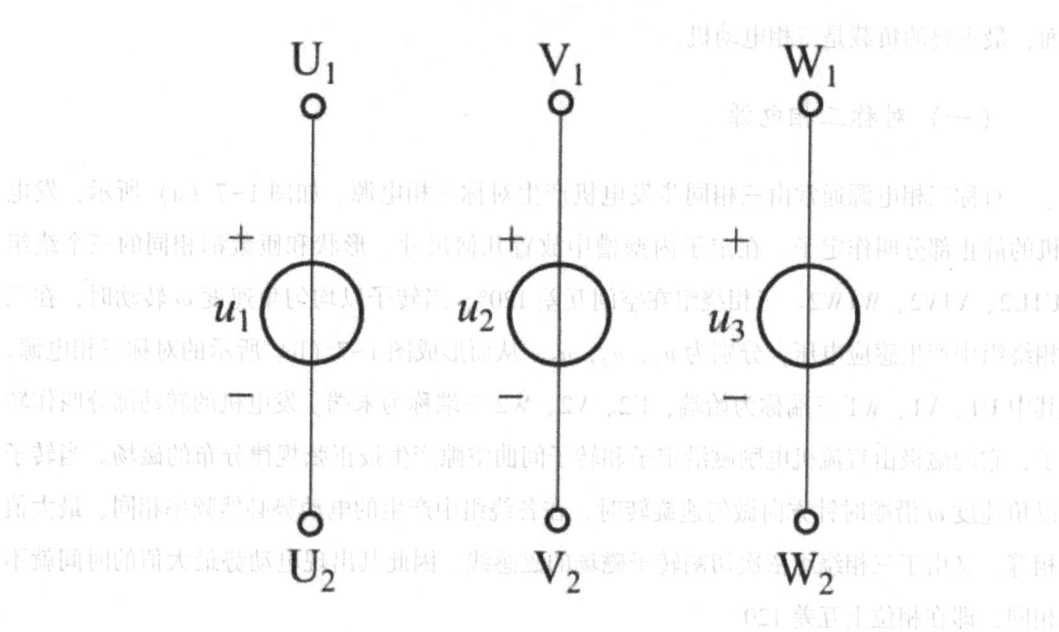

(b) 对称三相电源

图 1-7 交流发电机对称三相电源

三相电源的瞬时值表达式为:

$$\left.\begin{aligned}u_1 &= U_m\sin\omega t\\u_2 &= U_m\sin(\omega t - 120^\circ)\\u_3 &= U_m\sin(\omega t + 120^\circ)\end{aligned}\right\}$$

式中，以 U 相电压为参考正弦量，三相交流电源的波形图如图 1-8 所示。

三相电源的相量表达式为：

$$\left.\begin{aligned}\dot{U}_1 &= U\angle 0^\circ\\\dot{U}_2 &= U\angle -120^\circ\\\dot{U}_3 &= U\angle 120^\circ\end{aligned}\right\}$$

式子可以用图 1-9 所示的相量图表示。

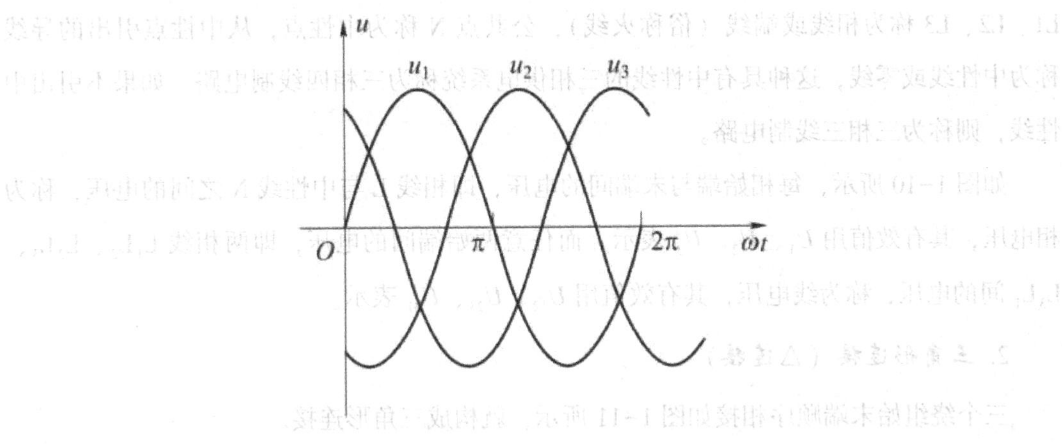

图 1-8 三相电源的波形图

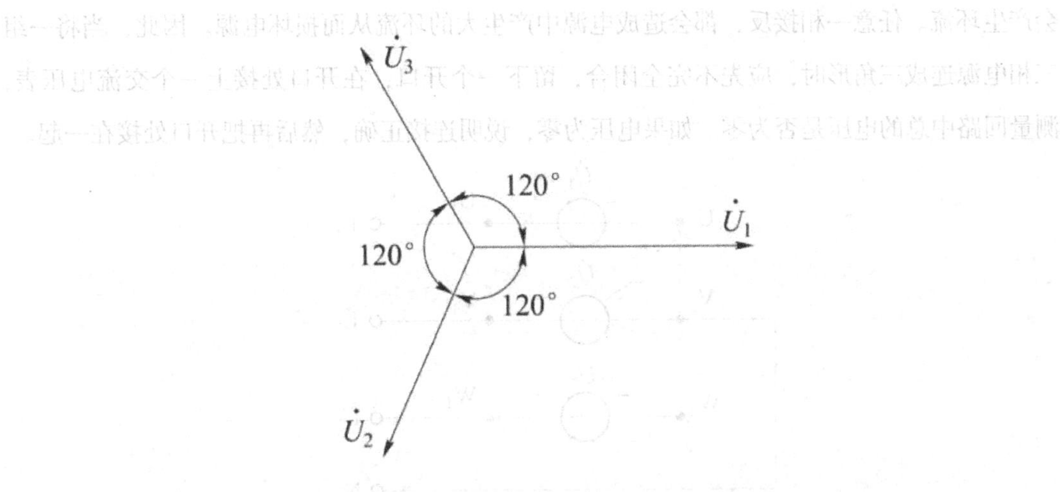

图 1-9 相量图

从三相电压的波形图和相量图容易得出，在任何瞬间，对称三相的电压之和为零，即

$$\left.\begin{array}{l} u_1 + u_2 + u_3 = 0 \\ \dot{U}_1 + \dot{U}_2 + \dot{U}_3 = 0 \end{array}\right\}$$

三相电源中各相电源经过同一值（如最大值）的先后顺序 U1、V1、W1 称为三相电源的相序，U1→V1→W1 称为正序（或顺序）。反之，U1→W1→V1 称为反序（或逆序）。

（二）三相电源的连接

1. 星形连接（Y 连接）

把三相电源绕组的末端 U2、V2、W2 连接起来成一公共点 N，从始端 U1、V1、W1 引出三条端线 L1、L2、L3 就构成星形连接，如图 1-10 所示。从每相绕组始端引出的导线 L1、L2、L3 称为相线或端线（俗称火线），公共点 N 称为中性点，从中性点引出的导线称为中性线或零线，这种具有中性线的三相供电系统称为三相四线制电路。如果不引出中性线，则称为三相三线制电路。

如图 1-10 所示，每相始端与末端间的电压，即相线 L 与中性线 N 之间的电压，称为相电压，其有效值用 U_1、U_2、U_3 表示。而任意两始端间的电压，即两相线 L_1L_2、L_2L_3、L_3L_1 间的电压，称为线电压，其有效值用 U_{12}、U_{23}、U_{31} 表示。

2. 三角形连接（△连接）

三个绕组始末端顺序相接如图 1-11 所示，就构成三角形连接。

需要注意的是：△连接的电源必须始端末端依次相连，由于 $\dot{U}_1 + \dot{U}_2 + \dot{U}_3 = 0$，电源中不会产生环流。任意一相接反，都会造成电源中产生大的环流从而损坏电源。因此，当将一组三相电源连成三角形时，应先不完全闭合，留下一个开口，在开口处接上一个交流电压表，测量回路中总的电压是否为零。如果电压为零，说明连接正确，然后再把开口处接在一起。

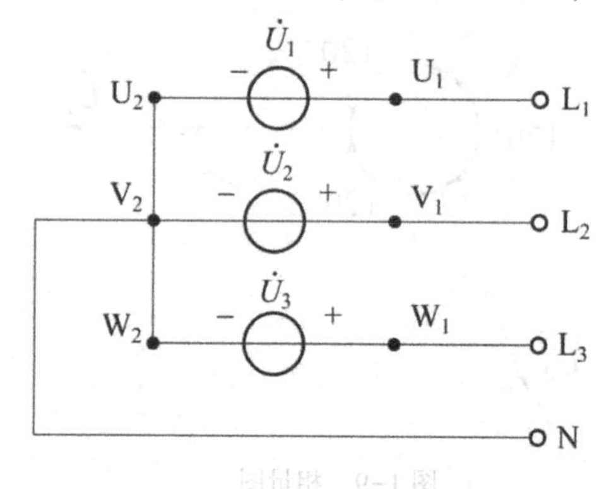

图 1-10　电源星形连接

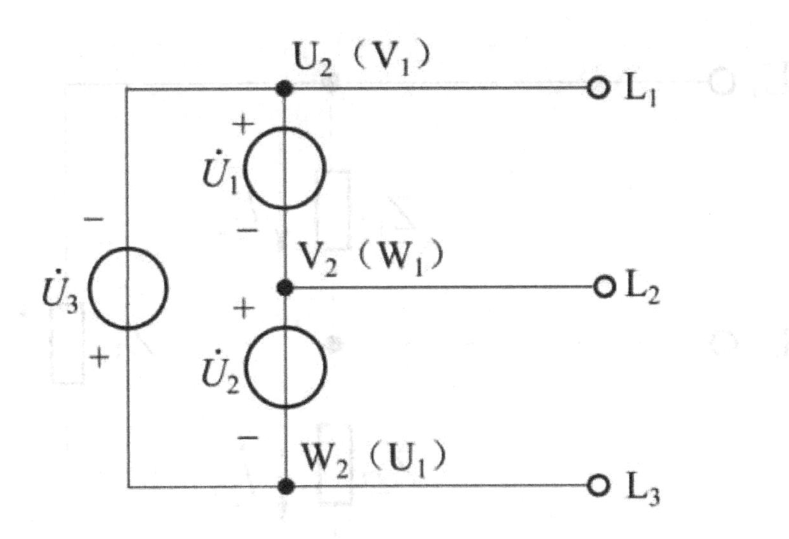

图 1-11　电源三角形连接

（三）三相负载及其连接

三相电路的负载由三部分组成，其中每一部分叫作一相负载，三相负载也有星形连接和三角形连接两种方式，分别如图 1-12、图 1-13 所示。当三相负载满足关系：$Z_1 = Z_2 = Z_3 = Z$，$Z_{12} = Z_{23} = Z_{31}$，称为三相对称负载。

如图 1-12 所示，每相负载 Z 中的电流，称为相电流，其有效值用 I_1、I_2、I_3 表示。如图 1-13 所示，每根相线间的电流，称为线电流，其有效值用 I_{12}、I_{23}、I_{31} 表示。

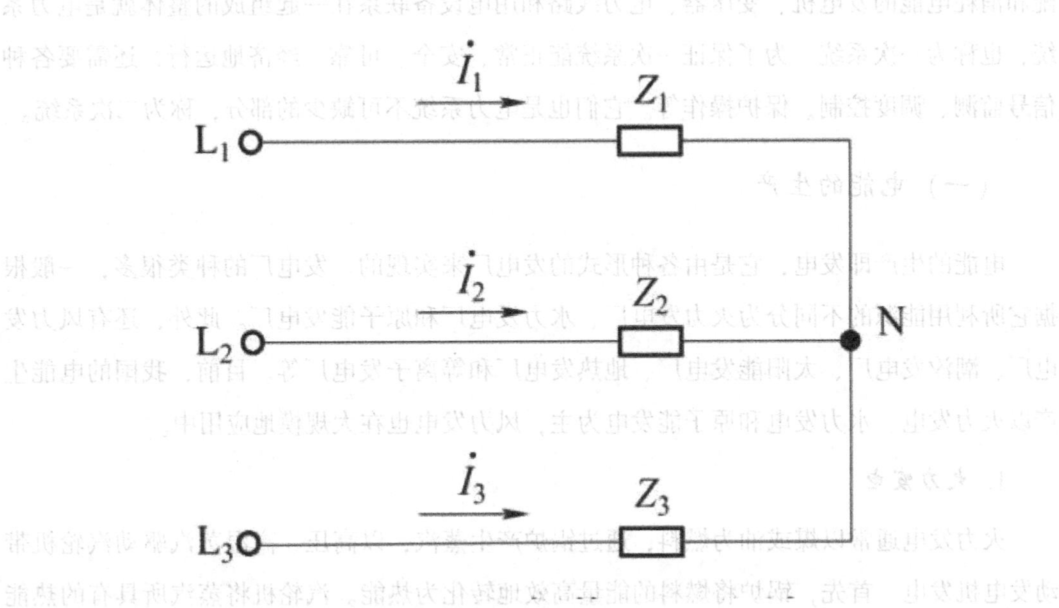

图 1-12　负载星形连接

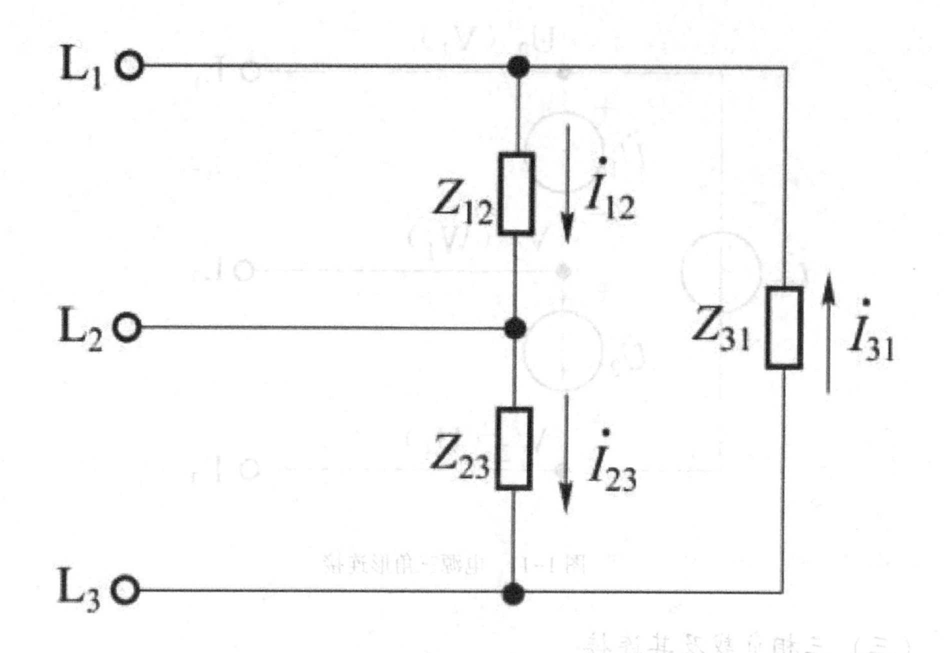

图 1-13　负载三角形连接

二、电力系统

电力系统由电能的生产、传输、分配和消耗四个部分组成，即通常所说的发电、输电、变电和配电。首先发电机将一次能源转化为电能，电能经过变压器和电力线路输送、分配给用户，最终通过用电设备转化为用户所需的其他形式的能量。这些生产、传输、分配和消耗电能的发电机、变压器、电力线路和用电设备联系在一起组成的整体就是电力系统，也称为一次系统。为了保证一次系统能正常、安全、可靠、经济地运行，还需要各种信号监测、调度控制、保护操作等。它们也是电力系统不可缺少的部分，称为二次系统。

（一）电能的生产

电能的生产即发电，它是由各种形式的发电厂来实现的。发电厂的种类很多，一般根据它所利用能源的不同分为火力发电厂、水力发电厂和原子能发电厂。此外，还有风力发电厂、潮汐发电厂、太阳能发电厂、地热发电厂和等离子发电厂等。目前，我国的电能生产以火力发电、水力发电和原子能发电为主，风力发电也在大规模地应用中。

1. 火力发电

火力发电通常以煤或油为燃料，通过锅炉产生蒸汽，以高压、高温蒸汽驱动汽轮机带动发电机发电。首先，锅炉将燃料的能量高效地转化为热能。汽轮机将蒸汽所具有的热能转换成机械能，而后推动发电机。冷凝、给水设备将汽轮机排出的蒸汽冷凝为冷凝水，而

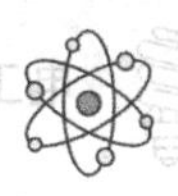

后经冷凝水泵将该冷凝水作为给水送到锅炉。汽轮发电机将汽轮机机械能转换成电能。火力发电厂的运行控制由中央调度所的大型计算机实施控制。在火力发电厂内装有自动负荷控制装置，接受来自中央调度所的指令，对锅炉的燃料、空气、给水及汽轮机进气量等进行控制。这样的火力发电厂为凝汽式火电厂。

除了凝汽式火电厂外，还有一种供热式火电厂，也称热电厂。热电厂将部分做了功的蒸汽从汽轮机中段抽出，供给电厂附近的热用户，这样可以减少凝汽器中的热量损失，提高电厂效率。

2. **水力发电**

水力发电是利用自然水力资源作为动力，通过水岸或筑坝截流的方式提高水位。利用高水位和低水位之间因落差所具有的水位能驱动水轮机转换成机械能，由水轮机带动发电机发电，进而转换成电能。

3. **原子能发电**

原子能发电是由核燃料在反应堆中的裂变反应所产生的热能，产生高压、高温蒸汽，由汽轮机带动发电机发电。原子能发电又称核能发电。核能发电过程中铀燃料的原子核受到外部热中子轰击时，会产生原子核裂变，分裂为两个原子核，并释放出大量的热量。该热量将水变成水蒸气，然后把它送到汽轮发电机，其原理与火力发电相同。

原子能发电厂的汽水循环分为两个独立的回路：第一回路由核反应堆、蒸汽发生器、主循环泵等组成。高压水在反应堆内吸热后，经蒸汽发生器再注入反应堆。第二回路由蒸汽发生器、汽轮机、给水泵组成。水在蒸汽发生器内吸热变成蒸汽，经汽轮机做功被凝结成水后，再由给水泵注入蒸汽发生器。

4. **风力发电**

风力发电是利用风力带动风车叶片旋转，通过增速机将旋转的速度提升，来促使发电机发电。风力发电常用的发电机有四种：直流发电机、永磁发电机、同步交流发电机、异步交流发电机。

风力发电系统通常由风力机、发电机和电力电子部分等构成。风力机通过齿轮箱驱动发电机，发电机发出的电能经电力电子部分变换后直接供给负载，最后通过变压器并入电网。

目前，我国正在新疆、内蒙古、青海、宁夏等内陆草原以及海滨湿地等风力资源相对丰富的地区大力建设风力发电厂，实现风力发电。世界上由发电厂提供的电力大多数是交流电。我国交流电的频率为50Hz，称为工频。

（二）电能的传输

电能的传输又称输电。输电网是由若干输电线路组成，并将许多电源点与供电点连接起来的网络系统。在输电过程中，先将发电机组发出的 6~10kV 电压经升压变压器转变为 35~500kV 高压，通过输电线将电能传送到各用户，再利用降压变压器将 35~500kV 的高压变为 6~10kV。

由于大中型发电厂多建在产煤地区或水利资源丰富的地区，距离用电城市相聚几十千米，甚至上百千米，所以发电厂生产的电能要采用高压输电线路输送到用电地区，然后再分配给用户。输电的距离越长，输送的容量越大，则要求输电电压的等级越高。我国标准输电电压等级有 35kV、110kV、220kV、330kV 和 500kV 等。一般情况下，输送距离在 50km 以下的，采用 35kV 电压；输电距离在 100km 左右的，采用 110kV；输电距离在 2000km 以上的，采用 220kV 或更高等级的电压。

高压输电按照输电特点，通常可分为高压输电（110kV、220kV）、超高压输电（330kV、500kV、750kV、±500kV、±660kV）和特高压输电（1000kV、±800kV），具体电压等级及用途如表 1-2 所示。我国目前多采用高压、超高压远距离输电。高压输电可以有效减小输电电流，从而减少电能损耗，保证输电质量。

表 1-2　电网的电压等级及用途

类型	等级	电压水平	用途
交流电	低压	400V（单相 220V）	居民及小型工商户用电
	中压	10kV、20kV、30kV	配电网、工业用户
	高压	110kV、220kV	输电网、城市配电网
	超高压	330kV、500kV、750kV	省及区域骨干输电网
	特高压	1000kV	跨区骨干输电网
直流电	高压	±500kV、±660kV	远距离、大容量输电
	特高压	±800kV	超远距离、超大容量输电

除交流输电方式外，还有直流输电方式。直流输电是指将发电厂发出的交流电，经整流器转换成直流电输送至受电端，再用逆变器将直流电变换成交流电送到受端交流电网的一种输电方式。其主要应用于远距离大功率输电和非同步交流系统的联网。直流输电与交流输电相比具有结构简单、投资少、对环境影响小、电压分布平稳、无须无功功率补偿等优点，但输电过程中其整流和逆变部分结构较为复杂。

（三）电能的分配

高压输电到用电点（如住宅、工厂）后，须经区域变电所将交流电的高压降为低压，

再供给各用电点。电能提供给民用住宅的照明电压为交流220V，提供给工厂车间的电压为交流380/220V。

在工厂配电中，对车间动力用电和照明用电均采用分别配电的方式，即把动力配电线路与照明配电线路一一分开，这样可避免因局部故障而影响整个车间生产的情况发生。

三、配电系统

配电系统是由多种配电设备与配电设施组成的变换电压和向终端用户分配电能的电力网络系统，分为高压配电系统、中压配电系统和低压配电系统。我国配电系统的电压等级，根据《城市电力网规划设计导则》Q/GDW 156—2006的规定，220kV及其以上电压为输变电系统，35kV、63kV、110kV为高压配电，10kV、20kV为中压配电，380/220V为低压配电。考虑到大型及特大型城市近年来电网的快速发展，中压配电可扩展至220kV、330kV、500kV。

（一）高压配电网

高压配电网是由高压配电线路和配电变电站组成的向用户提供电能的配电网。高压配电网从上一级电源接受电能后，可以直接向高压用户供电，也可以向下一级中压（或低压）配电网提供电源。

（二）中压配电网

中压配电网是由中压配电线路和配电室（配电变压器）组成的向用户提供电能的配电网。中压配电网从高压配电网接收电能，向中压用户或向各用电小区负荷中心的配电室（配电变压器）供电，再经过变压后向下一级低压配电网提供电源。

（三）低压配电网

低压配电网是由低压配电线路及其附属电气设备组成的向低压用户提供电能的配电网。低压配电网从中压（或高压）配电网接收电能，直接配送给各低压用户。低压配电网是电力系统的末端，分布广泛，几乎遍及建筑的每一角落，日常使用最多的是380/220V。

从安全用电等方面考虑，低压配电系统有三种接地形式，分别为IT系统、TT系统、TN系统。TN系统又分为TN-S系统、TN-C系统和TN-C-S系统三种形式（系统接地的形式及安全技术要求，GB14050—2008）。系统接地的形式以拉丁字母做代号，其意义为：第一个字母表示电源端与地的关系。

T表示电源端有一点直接接地；I表示电源端所有带电部分不接地或有一点通过阻抗

接地。第二个字母表示电气装置的外露可导电部分与地的关系。T 表示电气装置的外露可导电部分直接接地，此接地点在电气上独立于电源端的接地点；N 表示电气装置的外露可导电部分与电源端接地点有直接电气连接。短横线“-”后面的字母用来表示中性导体与保护导体的组合情况。S 表示中性导体和保护导体是分开的；C 表示中性导体和保护导体是合一的。

1. IT 系统

IT 系统就是电源中性点不接地，或经阻抗（1000Ω）接地，用电设备外壳直接接地的系统，称为三相三线制系统。在 IT 系统中，连接设备外壳可导电部分和接地体的导线，就是 PE 线。

在 IT 系统内，电气装置带电导体与地绝缘，或电源的中性点经高阻抗接地；所有的外露可导电部分和装置外导电部分经电气装置的接地极接地。由于该系统在出现第一次故障时故障电流小，且电气设备金属外壳不会产生危险性的接触电压，因此可以不切断电源，使电气设备继续运行，并可通过报警装置及时检查并消除故障。

2. TT 系统

TT 系统就是电源中性点直接接地，用电设备外壳也直接接地的系统，称为三相四线制系统。通常将电源中性点的接地叫作工作接地，而设备外壳的接地叫作保护接地。在 TT 系统中，这两个接地是相互独立的。设备接地可以是每一设备都有各自独立的接地装置，也可以是若干设备共用一个接地装置。

TT 系统适应于有中性线输出的单相、三相电分开的较大村庄。为其加装上漏电保护装置后，可收到较好的安全效果。目前，有的建筑单位采用 TT 系统，施工单位借用其电源做临时用电时，应用一条专用保护线，以减少接地装置的用量。该系统也适用于对信号干扰有要求的场合，如对数据处理、精密检测装置的供电等。

3. TN 系统

TN 系统即电源中性点直接接地，设备外壳等可导电部分与电源中性点有直接电气连接的系统，它也有三种形式：

（1）TN-S 系统

TN-S 系统如图 1-14 所示。图中中性线 N 与 TT 系统相同，在电源中性点工作接地，而用电设备外壳等可导电部分通过保护线 PE 连接到电源中性点上。在这种系统中，中性线 N 和保护线 PE 是分开的。TN-S 系统是我国目前应用最为广泛的一种系统，又称为三相五线制系统，适用于新建楼宇和爆炸、火灾危险性较大或安全性要求高的场所，如科研院所、计算机中心、通信局站等。

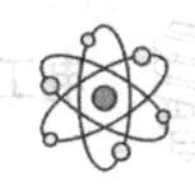

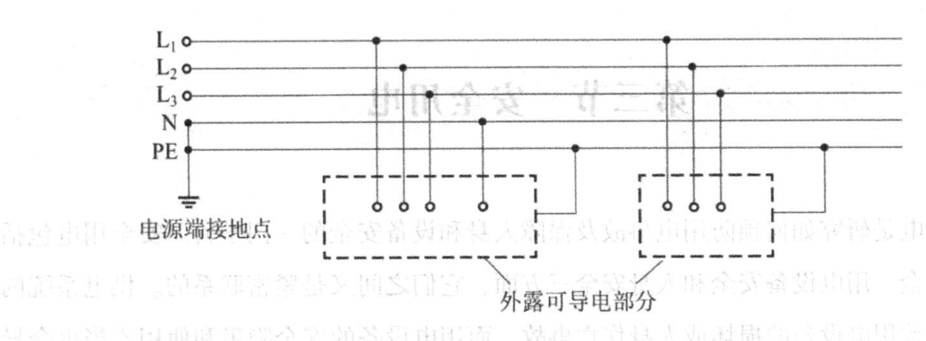

图 1-14　TN-S 系统

（2）TN-C 系统

TN-C 系统如图 1-15 所示，它将 PE 线和中线性 N 的功能综合起来，由一根称为保护中性线 PEN 的线，同时承担起保护和中性线两者的功能。在用电设备处，PEN 线既连接到负荷中性点上，又连接到设备外壳等可导电部分。但应注意火线与零线要连接正确，否则外壳会带电。TN-C 系统现在已很少采用，尤其在民用配电中已基本上不允许采用 TN-C 系统。

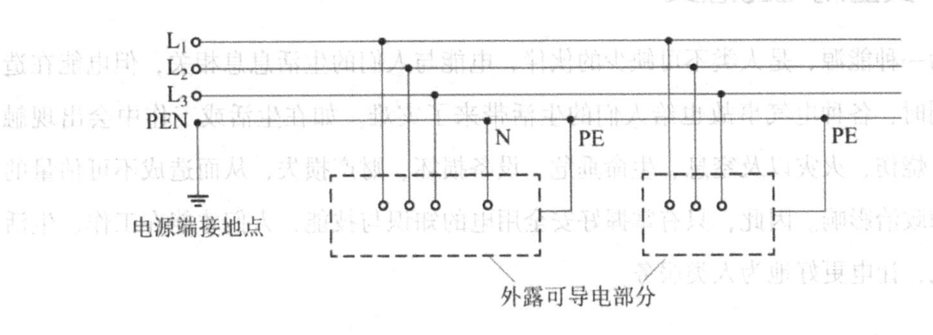

图 1-15　TN-C 系统

（3）TN-C-S 系统

TN-C-S 系统是 TN-C 系统和 TN-S 系统的结合形式，如图 1-16 所示。TN-C-S 系统中，从电源出来的那一段采用 TN-C 系统，只起能的传输作用，到用电负荷附近某一点处时，将 PEN 线分成单独的 N 线和 PE 线，从这一点开始，系统相当于 TN-S 系统。TN-C-S 系统也是目前应用比较广泛的一种系统。这里采用了重复接地这一技术，此系统适用于厂内变电站、厂内低压配电场所及民用旧楼改造。

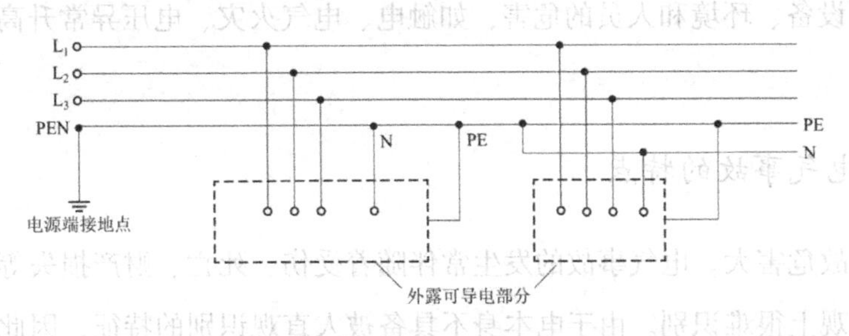

图 1-16　TN-C-S 系统

第三节　安全用电

安全用电是研究如何预防用电事故及保障人身和设备安全的一门学科。安全用电包括供电系统安全、用电设备安全和人身安全三方面，它们之间又是紧密联系的。供电系统的故障可能导致用电设备的损坏或人身伤亡事故，而用电设备的安全隐患和使用不当也会导致局部或大范围停电，引起人身伤亡，严重的会造成社会灾难。安全用电主要包括以下三方面：①供电系统安全。发电、输电、变电和配电过程要安全、可靠。②用电设备安全。大型设备的正确操作，家用电器的正确使用。③人身安全。掌握安全用电常识和技能，预防各种触电事故。

一、安全用电的意义

电作为一种能源，是人类不可缺少的伙伴，电能与人们的生活息息相关，但电能在造福人类的同时，各种电气事故也给人们的生活带来了灾难。如在生活或工作中会出现触电、电击、烧伤、火灾以及窒息、生命垂危、设备损坏、财产损失，从而造成不可估量的经济损失和政治影响。因此，只有掌握好安全用电的知识与技能，人们才能在工作、生活中安全用电，让电更好地为人类服务。

二、电气事故

电气事故危害大，涉及领域广，是电气安全工程主要的研究和管理对象。熟悉电气事故的危害、特点和分类，对掌握好安全用电的基本知识具有重要的意义。

（一）电气事故的危害

电气事故的危害主要有两个方面：①对系统自身的危害，如短路、过电压、绝缘老化等。②对用电设备、环境和人员的危害，如触电、电气火灾、电压异常升高造成用电设备损坏等。

（二）电气事故的特点

①电气事故危害大。电气事故的发生常伴随着受伤、死亡、财产损失等。②电气事故的危险性从直观上很难识别。由于电本身不具备被人直观识别的特征，因此电引起的危险不易被人们察觉。③电气事故涉及的领域广。电气事故的发生并不仅仅局限于用电领域，

在一些非用电场所，电能的释放也会引起事故和危害。④电气事故的防护研究综合性强。电气事故的机理除了电学之外，还涉及力学、化学、生物学、医学等学科的理论知识，需要综合起来研究。

（三）电气事故的类型

电气事故根据电能的不同作用形式可分为触电事故、静电危害事故、雷电灾害事故、射频电磁场危害事故和电路故障危害事故等；按发生灾害的形式又可分为人身事故、设备事故、电气火灾等。

1. 触电事故

触电事故是由电流的能量造成的。触电是指电流流经人体时对人体产生的生理和病理的伤害，这种伤害是多方面的。

2. 静电危害事故

静电危害事故是由静电电荷或静电场能量引起的，是两种互相接触的非导电物质在相对运动的过程中，因摩擦而产生的带电现象。在生产和操作过程中，由于某些材料的相对运动、接触与分离等原因导致相对静止的正电荷和负电荷的积累，也会产生静电。

一般情况下，静电量不大，放电不易被人察觉。但当静电所积累的电能达到一定程度时，放电会伴有响声和火花，其电压可能高达数十千伏乃至数百千伏，会对生产和人身安全造成危害，甚至发生爆炸、火灾、电击等事故。

3. 雷电灾害事故

雷电是自然界中高能量静电的集聚和放电的过程。其放电时间极短，仅为50~100ps，但大气中的瞬时放电电流可达300kA，放电路径中形成的等离子体温度可达20 000℃以上，并产生强烈的声光效应。雷电放电具有电流大、电压高的特点，其释放出来的能量可能形成极大的破坏力。

雷电的破坏作用主要有直击雷放电、二次放电。雷电流的热量会引起火灾和爆炸。被雷电直接击中、金属导体的二次放电、跨步电压的作用均会造成人员的伤亡。强大的雷电流、高电压可导致电气设备被击穿或烧毁；发电机、变压器、电力线路等遭受雷击，可导致大规模停电事故；雷击还可直接毁坏建筑物、构筑物等。

4. 射频电磁场危害事故

射频是指无线电波的频率或者相应的电磁振荡频率。射频伤害是由电磁场的能量造成的。在射频电磁场作用下，人体吸收辐射能量会受到不同程度的伤害。在高强度的射频电磁场作用下，可能会产生感应放电，造成电引爆器件发生意外引爆。当受电磁场作用感应出的感应电压较高时，会对人产生明显的电击。

5. **电路故障危害事故**

电路故障危害是由于电能在输送、分配、转换过程中失去控制而产生的。断线、短路、异常接地、漏电、误合闸、电气设备或电气元件损坏、电子设备受电磁干扰而发生误动作等均属于电路故障。系统中电气线路或电气设备的故障会引起火灾和爆炸，造成异常带电、异常停电，从而导致人员伤亡及重大财产损失。

三、触电事故

（一）电流对人体伤害的种类

电流对人体组织的危害作用主要表现为电热性质作用、电离或电解（化学）性质作用、生物性质作用和机械性质作用。电流通过人体时，由于电流的热性质作用会引起肌体烧伤、碳化、产生电烙印及皮肤金属化现象；化学性质作用会使人体细胞由于电解而被破坏，使肌体内体液和其他组织发生分解，并破坏各种组织结构和成分；生物性质作用会引起神经功能和肌肉功能紊乱，使神经组织受到刺激而兴奋、内分泌失调；机械性质作用会使电能在体内转化为机械能引起损伤，如骨折、组织受伤。

根据伤害的性质不同，触电可分为电击和电伤两种。

1. **电击**

电击是电流通过人体造成的内部器官在生理上的反应和病变，如刺痛、灼热感、痉挛、麻痹、昏迷、心室颤动或停跳、呼吸困难或停止等。电击是主要的触电事故，分为直接电击和间接电击两种。

2. **电伤**

电伤是电流通过人体时，由于电流的热效应、化学效应和机械效应对人体外部造成的伤害，如电灼伤、电烙印、皮肤金属化等现象。能够形成电伤的电流一般都比较大，它属于局部伤害，其危险性取决于受伤面积、受伤深度及受伤部位。

①电灼伤。电灼伤分为接触灼伤和电弧灼伤两类。接触灼伤的受伤部位呈现黄色或黑褐色，可累及皮下组织、肌腱、肌肉和血管，甚至使骨骼呈碳化状态。电弧灼伤会使皮肤发红、起泡、组织烧焦、坏死。②电烙印。电烙印发生在人体与带电体之间有良好接触的部位，其颜色呈灰黄色，往往造成局部麻木和失去知觉。③皮肤金属化。皮肤金属化是由于高温电弧使周围金属融化、蒸发并飞溅渗透到皮肤表面形成的伤害，一般无致命危险。

（二）电流对人体伤害程度的主要影响因素

电流对人体的伤害程度与电流通过人体的大小、电流作用于人体的时间、电流流经途径、电流频率、人体状况等因素有关。

1. 伤害程度与电流大小的关系

通过人体的电流越大，人体的生理反应就越明显。对于工频交流电，根据通过人体电流大小和人体所呈现的不同状态，习惯上将触电电流分为感知电流、摆脱电流和室颤电流三种。

感知电流是指人身能够感觉到的最小电流。成年男性的平均感知电流大约为 1.1mA，女性为 0.7mA。感知电流不会对人体造成伤害，但当电流增大时，人体的反应强烈，可能造成坠落等间接事故。

摆脱电流是指大于感知电流，人体触电后可以摆脱掉的最大电流。成年男性的平均摆脱电流大约为 16mA，女性为 10mA；成年男性的最小摆脱电流大约为 9mA，女性为 6mA，儿童则较小。

室颤电流是指引起心室颤动的最小电流。由于心室颤动几乎将导致死亡，因此通常认为室颤电流即致命电流。当电流达到 90mA 以上时，心脏会停止跳动。

在线路或设备装有防止触电的速断保护装置的情况下，人体允许通过的电流为 30mA。工频交流电对人体的影响如表 1–3 所示。

表 1–3　工频交流电对人体的影响

电流大小/mA	人体感觉特征
0.6 ~1.5	手指开始感觉发麻
2~3	手指感觉强烈发麻
5~7	手指肌肉感觉痉挛，手指灼热和刺痛
8~10	手摆脱电极已感到困难，指尖到手腕有剧痛感
20~25	手迅速麻痹，不能自动摆脱
50~80	心房开始震颤，呼吸困难
90~100	呼吸麻痹，一定时间后心脏麻痹，最后停止跳动

2. 伤害程度与电流作用于人体时间的关系

通过人体电流的持续时间越长，电流对人体产生的热伤害、化学伤害及生理伤害就越严重。由于电流作用时间越长，作用于人体的能量累积越多，则室颤电流减小，电流波峰与心脏脉动波峰重合的可能性越大，越容易引起心室颤动，危险性就越大。

一般情况下，工频 15~20mA 以下、直流 50mA 以下的电流对人体是安全的。但如果电流通过人体的时间很长，即使工频电流小到 8~10mA，也可能使人致命。这是因为通电时间越长，电流通过人体时产生的热效应越大，使人体发热，人体组织的电解液成分随之增加，导致人体电阻降低，从而使通过人体的电流增加，触电的危险也随之增加。

3. *伤害程度与电流流经途径的关系*

电流通过头部可使人昏迷；通过脊髓可能导致瘫痪；通过心脏会造成心跳停止，血液循环中断；通过呼吸系统会造成窒息；通过中枢神经有关部分会引起中枢神经系统强烈失调而致残。实践证明，从左手到胸部是最危险的电流路径，从手到手和从手到脚也是很危险的电流路径，从左脚到右脚是危险性较小的电流路径。电流流经路径与通过人体心脏电流的比例关系如表 1-4 所示。

表 1-4　电流流经路径与通过人体心脏电流的比例关系

电流通过人体的路径	左手到脚	右手到脚	左手到右手	左脚到右脚
流经心脏的电流占总电流的比例	6.4	3.7	3.3	0.4

4. *伤害程度与电流频率的关系*

不同频率的电流对人体的影响也不同。通常频率在 50~60Hz 的交流电对人体的危害最大。低于或高于此频率段的电流对人体触电的伤害程度明显减弱。高频电流有时还可以用于治疗疾病。目前，医疗上采用 20kHz 以上的交流小电流对人体进行理疗。各种频率的电流导致死亡的比例如表 1-5 所示。

表 1-5　各种频率的电流导致死亡的比例

电流频率/Hz	10	25	50	60	80	100	120	200	500	1000
死亡比例/%	21	70	95	91	43	34	31	22	14	11

5. *伤害程度与人体状况的关系*

人体触电时，流过人体的电流在接触电压一定的情况下由人体的电阻决定。人体电阻的大小不是固定不变的，它取决于众多因素。当皮肤有完好的角质外层并且干燥时，人体电阻可达 104~105Ω；当角质层被破坏时，人体电阻降到 800~1000Ω。总的来讲，人体电阻主要由表面电阻和体积电阻构成，其中表面电阻起主要作用。一般认为，人体电阻在 1000~2000Ω 内变化。此外，人体电阻的大小还取决于皮肤的干湿程度、粗糙度等，如表 1-6 所示。

表 1-6　不同电压下人体的电阻值

接触电压/V	人体电阻/Ω			
	皮肤干燥	皮肤潮湿	皮肤湿润	皮肤浸入水中

接触电压/V	人体电阻/Ω			
	皮肤干燥	皮肤潮湿	皮肤湿润	皮肤浸入水中
10	7000	3500	1200	600
25	5000	2500	1000	500
50	4000	2000	875	400
100	3000	1500	770	375

此外，人体状况的影响还与性别、年龄、身体条件及精神状态等因素有关。一般来说，女性比男性对电流敏感，小孩比大人敏感。

(三) 人体触电方式

按照人体触及带电体的方式和电流通过人体的途径，触电可分为直接触电、间接触电和跨步电压触电三种方式，此外还有感应电压触电、剩余电荷触电等方式。

1. 直接触电

直接触电是指人体直接接触带电体而引起的触电。直接触电又可分为单相触电和双相触电两种。

单相触电是指人体某一部位触及一相带电体时，电流通过人体与大地形成闭合回路而引起的触电事故。这种触电的危害程度取决于三相电网中的中性点是否接地。

中性点直接接地系统，当人体触及一相带电体时，电流通过人体、大地、系统中性点形成闭合回路。由于接地电阻远小于人体电阻，所以电压几乎全部加在人体上，人体承受单相电压大小，通过人体的电流远大于人体所能承受的最大电流。

$$I=\frac{220}{4+1000}=0.22$$

中性点不接地系统，当人体触及一相带电体时，电流通过人体，另两相对地电容形成闭合回路。由于各相对地电容较小，相对地的绝缘电阻较大，故不会造成触电。

双相触电是人体的不同部位同时触及两相带电体，电流通过人体在两相电线间形成回路引起的触电事故。此时，无论系统的中性点是否接地，人体均处于线电压的作用下，比单相触电危险性更大，通过人体的电流远大于人体所能承受的最大电流。

$$I=\frac{380}{1000}=0.38$$

2. 间接触电

电气设备已断开电源，但由于电路漏电或设备外壳带电，使操作人员碰触时发生间接触电，危及人身安全。

3. 跨步电压触电

若出现故障的设备附近有高压带电体或高压输电线断落在地上时，接地点周围就会存在强电场。人在接地点周围行走，人的两脚（一般距离以 0.8m 计算）分别处于不同的电位点，使两脚间承受一定的电压值，这一电压称为跨步电压。跨步电压的大小与电位分布区域内的位置有关，越靠近接地体处的跨步电压越大，触电危险性也越大。离开接地点大于 20m，则跨步电压为零。

4. 感应电压触电

感应电压触电是指当人触及带有感应电压的设备和线路时所造成的触电事故。一些不带电的线路由于大气变化（如雷电活动）会产生感应电荷；另外，停电后一些可能感应电压的设备和线路如果未及时接地，这些设备和线路对地均存在感应电压。

5. 剩余电荷触电

剩余电荷触电是指当人体触及带有剩余电荷的设备时，设备对人体放电造成的触电事故。带有剩余电荷的设备通常含有储能元件，如并联电容器、电力电缆、电力变压器及大容量电动机等。在退出运行和检修后，这些设备会带上剩余电荷，因此要及时对其进行放电。

四、触电急救

在电器操作和日常用电过程中，采取有效的预防措施，能有效地减少触电事故，但绝对避免发生触电事故是不可能的。所以，必须做好触电急救的思想和技术准备。

（一）触电急救措施

触电急救的要点是动作迅速、救护得法，切不可惊慌失措、束手无策。

触电急救，首先要使触电者迅速脱离电源。这是由于电流对人体的伤害程度与电流在人体内作用的时间有关。电流作用的时间越长，造成的伤害越严重。脱离电源就是要把与触电者接触的那一部分带电设备的开关、刀闸或其他断路设备断开；或设法将触电者与带电设备脱离。在脱离电源的过程中，救护人员既要救人，也要注意保护自己。触电者未脱离电源前，救护人员切不可直接用手触及伤员，以免有触电的危险。应采取的具体措施如下：

1. 低压触电事故

触电者触及带电体时，救护人员应设法迅速切断电源，如断开电源开关或刀闸，拔除电源插头或用带绝缘柄的电工钳切断电源。当电线搭落在触电者身上或被压在身下时，可用干燥的木棒、竹竿等作为绝缘工具挑开电线，使触电者脱离电源。如果触电者的衣服是

干燥的，而且电线紧缠在其身上时，救护人员可以站在干燥的木板上，用一只手拉住触电者的衣服，将其拉离带电体，但不可触及触电者的皮肤和金属物体。

2. 高压触电事故

救护人员应立即通知有关部门停电，有条件的可以用适合该电压等级的绝缘工具（如戴绝缘手套、穿绝缘靴并使用绝缘棒）断开电源开关，解救触电者。在抢救过程中应注意保持自身与周围带电部分必要的安全距离。

（二）触电者脱离电源后的伤情判断

当触电者脱离电源后，应立即将其移到通风处，使其仰卧，迅速检查伤员全身，特别是呼吸和心跳。

1. 判断呼吸是否停止

将触电者移至干燥、宽敞、通风的地方，将衣裤放松，使其仰卧，观察其胸部或腹部有无因呼吸而产生的起伏动作。若起伏不明显，可用手或小纸条靠近触电者的鼻孔，观察有无气流流动，用手放在触电者胸部，感觉有无呼吸动作，若没有，说明呼吸已经停止。

2. 判断脉搏是否搏动

用手检查颈部的颈动脉或腹股沟处的股动脉，查看有无搏动。如有搏动，说明心脏还在跳动。另外，还可用耳朵贴在触电者的心区附近，倾听有无心脏跳动的声音。如有声音，则表明心脏还在跳动。

3. 判断瞳孔是否放大

瞳孔受大脑控制，如果大脑机能正常，瞳孔可随外界光线的强弱自动调节大小。处于死亡边缘或已死亡的人，由于大脑细胞严重缺氧，大脑中枢失去对瞳孔的调节功能，瞳孔会自行放大，对外界光线强弱不能做出反应。

根据触电者的具体情况，迅速地对症救护，同时拨打120通知医生前来抢救。

（三）针对触电者的不同情况进行现场救护

1. 症状轻者

症状轻者即触电者神志清醒，但感到全身无力、四肢发麻、心悸、出冷汗、恶心，或一度昏迷，但未失去知觉，暂时不能站立或走动，应将触电者抬到空气新鲜、通风良好的地方让其舒服地躺下休息，慢慢地恢复正常。要时刻注意保暖并观察触电者，若发现呼吸与心跳不规则，应立刻设法抢救。

2. 呼吸停止，心跳存在者

就地平卧解松衣扣，通畅气道，立即采用口对口人工呼吸，有条件的可进行气管插管，加压氧气人工呼吸。

3. 心跳停止，呼吸存在者

应立即采用胸外心脏按压法抢救。

4. 呼吸、心跳均停止者

应在人工呼吸的同时施行胸外心脏按压，以建立呼吸和循环，恢复全身器官的氧供应。现场抢救时，最好能有两人分别施行口对口人工呼吸及胸外心脏按压，如此交替进行，抢救一定要坚持到底。

5. 处理电击伤时，应注意有无其他损伤

如触电后弹离电源或自高空跌下，常并发颅脑外伤、血气胸、内脏破裂、四肢和骨盆骨折等。如有外伤、灼伤均须同时处理。

6. 现场抢救中，不要随意移动伤员

确须移动时，抢救中断时间不应超过30s，在医院的医务人员未接替救治之前救治不能中止。当被抢救者出现面色好转、嘴唇逐渐红润、瞳孔缩小、心跳和呼吸迅速恢复正常，即为抢救有效的特征。

（四）触电救护方法

现场应用的主要救护方法有：口对口人工呼吸法、胸外心脏按压法、摇臂压胸呼吸法、俯卧压背呼吸法等。

1. 口对口人工呼吸法

人工呼吸是用于自主呼吸停止时的一种急救方法。通过徒手或机械装置使空气有节律地进入肺部，然后利用胸廓和肺组织的弹性回缩力使进入肺内的气体呼出，如此周而复始以代替自主呼吸。在做人工呼吸之前，首先要检查触电者口腔内有无异物，呼吸道是否通畅，特别要注意喉头部分有无痰堵塞。其次要解开触电者身上妨碍呼吸的衣物，维持好现场秩序。

口对口（鼻）人工呼吸法不仅方法简单易学，而且效果最好，也较为容易掌握，其具体操作方法如下：①使触电者仰卧，并使其头部充分后仰，一般应用一只手托在其颈后，使其鼻孔朝上，以利于呼吸道畅通。②救护人员在触电者头部的侧面，用一只手捏紧其鼻孔，另一只手的拇指和食指掰开其嘴巴。③救护人员深吸一口气，紧贴掰开的嘴巴向内吹

气，也可搁一层纱布。吹气时要用力并使其胸部膨胀，一般应每 5s 吹气一次，吹 2s，放松 3s。对儿童可小口吹气。④吹气后应立即离开其口或鼻，并松开触电者的鼻孔或嘴巴，让其自动呼气，约 3min。⑤在实行口对口（鼻）人工呼吸时，当发现触电者胃部充气膨胀，应用手按住其腹部，并同时进行吹气和换气。

2. 胸外心脏按压法

胸外心脏按压法是触电者心脏停止跳动后使其心脏恢复跳动的急救方法，适用于各种创伤、电击、溺水、窒息、心脏疾病或药物过敏等引起的心脏骤停，是每一个电气工作人员都应该掌握的，具体操作方法如下：①使触电者仰卧在比较坚实的地方，解开领扣衣扣，使其头部充分后仰，或将其头部放在木板端部，在其胸后垫以软物。②救护者跪在触电者一侧或骑跪在其腰部的两侧，两手相叠，下面手掌的根部放在心窝上方，即胸骨下三分之一至二分之一处。③掌根用力垂直向下按压，用力要适中，不得太猛，成人应压陷 3 ~4cm，频率每分钟 60 次；对于 16 岁以下的儿童，一般应用一只手按压，用力要比成人稍轻一点，压陷 1~2cm，频率每分钟 100 次为宜。④按压后掌根应迅速全部放松，让触电者胸部自动复原，血液回到心脏。放松时掌根不要离开压迫点，只是不向下用力而已。⑤为了达到良好的效果，在进行胸外心脏按压术的同时，必须进行口对口（鼻）人工呼吸。因为正常的心脏跳动和呼吸是相互联系且同时进行的，没有心跳，呼吸也要停止，而呼吸停止，心脏也不会跳动。

3. 摇臂压胸呼吸法

①使触电者仰卧，头部后仰。②救护人员在触电者头部，一条腿做跪姿，另一条腿半蹲，两手将触电者的双手向后拉直。压胸时，将触电者的手向前顺推至胸部位置，并向胸部靠拢，用触电者的两手压胸部。在同一时间内救护者还要完成以下几个动作：跪着的一只脚向后蹬（成前弓后箭状），半蹲的前脚向前倒，然后用身体重量自然向胸部压下；压胸动作完成后，将触电者的手向左右扩张。完成后，将两手往后顺向拉直，恢复原来位置。③压胸时不要有冲击力，两手关节不要弯曲。压胸深度要看对象，对于小孩不要用力过猛；对于成年人每分钟完成 14~16 次。

4. 俯卧压背呼吸法

俯卧压背呼吸法只适用于触电后溺水、腹内涨满了水的情况。该方法操作要领如下：①使触电者俯卧，触电者的一只手臂弯曲枕在头上，脸侧向一边，另一只手在头旁伸直。操作者跨腰跪，四指并拢，指尾压在触电者背部肩胛骨下（相当于第七对肋骨）。②按压时，救护人员的手臂不要弯，用身体重量向前压。向前压的速度要快，向后收缩的速度可稍慢，每分钟完成 14~16 次。③触电后溺水的情况，可将触电者面部朝下平放在木板上，木板向前倾斜10°左右，触电者腹部垫放柔软的垫物（如枕头等），这样，压背时会迫使触电者将吸入腹内的水吐出。

五、电气安全技术

总结触电事故发生的情况，可以将触电事故分为直接触电和间接触电两大类。直接触电多是由主观原因造成的，而间接触电多是由客观原因造成的。无论是主观原因还是客观原因造成的触电事故，都可以采用安全用电技术措施来预防。因此，加强安全用电措施的学习是防止触电事故发生的重要方法。

根据用电安全导则（GB/T 13869-2008），为了防止偶然触及或过分接近带电体造成直接触电，可采取绝缘、屏护、安全间距、限制放电能量等安全措施；为了防止触及正常不带电而意外带电的导体造成的间接触电，可采取自动断开电源、双重绝缘结构、电气隔离、不接地的局部等电位连接、接地等安全措施。

（一）预防直接触电的措施

直接触电防护需要防止电流经由身体的任何部位通过，并且限制可能通过人体的电流使之小于电击电流。

1. 选用安全电压

我国《特低电压》国家标准（GB/T 3805—2008）中规定了安全电压的定义和等级。安全电压是指为防止触电事故而采用的由特定电源供电的电压系列。这个电压系列的上限值，在正常和故障情况下，即任何两导体间或任一导体与地之间的电压均不得超过交流有效值50V。我国安全电压额定值的等级分为42V、36V、24V、12V和6V。直流电压不超过120V。

采用安全电压的电气设备，应根据使用地点、使用方式和人员等因素，选用国标规定的不同等级的安全电压额定值。如在无特殊安全措施的情况下，手提照明灯、危险环境的携带式电动工具应采用36V的安全电压；在金属容器内、隧道内、矿井内等工作场合，以及狭窄、行动不便、粉尘多和潮湿的环境中，应采用24V或12V的安全电压，以防止触电造成的人身伤亡。

2. 采用绝缘措施

良好的绝缘是保证电气设备和线路正常运行的必要条件。绝缘是利用绝缘材料对带电体进行封闭和隔离。绝缘材料的选用必须与该电气设备的工作电压、工作环境和运行条件相适应，否则容易造成击穿。

绝缘材料具有较高的绝缘电阻和耐压强度，可以把电气设备中电势不同的带电部分隔离开来，并能避免发生漏电、击穿等事故。绝缘材料耐热性能好，可以避免因长期过热而老化变质。此外，绝缘材料还具有良好的导热性、耐潮防雷性和较高的机械强度以及工艺加工方便等特点。

3. 采用屏护措施

屏护是一种对电击危险因素进行隔离的手段，即采用屏护装置如遮栏、护罩、护盖、箱匣等把危险的带电体同外界隔离开来，以防止人体触及或接近带电体引起触电事故。

屏护装置不直接与带电体接触，对所选用材料的电气性能没有严格要求，但必须有足够的机械强度和良好的耐热、耐火性能。主要用于电气设备不便于绝缘或绝缘不足的场合，如开关电气的可动部分、高压设备、室内外安装的变压器和变配电装置等。当作业场所邻近带电体时，在作业人员与带电体之间、过道、入口处等均应装设可移动的临时性屏护装置。

4. 采用间距措施

间距措施是指在带电体与地面之间、带电体与其他设备和设施之间、带电体与带电体之间保持一定的必要的安全距离。间距的作用是防止人体触及或过分接近带电体造成触电事故；避免车辆或其他器具碰撞或过分接近带电体造成事故；防止火灾、过电压放电及各种短路事故。间距的大小取决于电压等级、设备类型、安装方式等因素。不同电压等级、设备类型、安装方式、环境所要求的间距大小也不同。

（二）预防间接触电的措施

间接触电防护需要防止故障电流经由身体的任何部位通过，并且限制可能流经人体的故障电流使之小于电击电流，即在故障情况下，触及外露可导电部分可能引起流经人体的电流等于或大于电击电流时，能在规定时间内自动断开电源。

1. 加强绝缘措施

加强绝缘措施是对电气线路或设备采取双重绝缘或对组合电气设备采用共同绝缘的措施。采用加强绝缘措施的线路或设备绝缘牢固，难以损坏，即使工作绝缘损坏后，还有一层加强绝缘，不易发生带电的金属导体裸露而造成的间接触电。

2. 电气隔离措施

电气隔离措施是采用隔离变压器或具有同等隔离作用的发电机，使电气线路和设备的带电部分处于悬浮状态的措施。即使该线路或设备的工作绝缘损坏，人站在地面上与之接触也不易触电。

3. 自动断电措施

自动断电措施是指带电线路或设备上发生触电事故或其他事故（如短路、过载、欠压等）时，在规定时间内能自动切断电源而起到保护作用的措施。如漏电保护、过电流保护、过电压或欠电压保护、短路保护、接零保护等均属于自动断电措施。

4. 电气保护接地措施

接地是将电气设备或装置的某一点（接地端）与大地之间做符合技术要求的电气连接。目的是利用大地为正常运行、绝缘损坏或遭受雷击等情况下的电气设备等提供对地电流流通回路，保证电气设备和人身的安全。

接地装置由接地体和接地线两部分组成。接地体是埋入大地和大地直接接触的导体组，它分为自然接地体和人工接地体。自然接地体是利用与大地有可靠连接的金属构件、金属管道、钢筋混凝土建筑物的基础等作为接地体。人工接地体是利用型钢如角钢、钢管、扁钢、圆钢作为接地体。电气设备或装置的接地端与接地体相连的金属导线称为接地线。

（1）工作接地

为了保证电气设备的正常工作，将电路中的某一点通过接地装置与大地可靠地连接，称为工作接地。如变压器低压侧的中性点接地、电压互感器和电流互感器的二次侧某一点接地等。变压器中性点采用工作接地后为相电压提供一个明显可靠的参考点，为稳定电网的电位起着重要作用，同时也为单相设备提供了一个回路，使系统有两种电压380V/220V，既能满足三相设备，也能满足单相设备。我国的低压配电系统也采用了中性点直接接地的运行方式，要求工作接地电阻必须不大于4Ω。

（2）保护接地

在中性点不接地的三相三线制供电系统中，将电气设备在正常情况下不带电的金属外壳通过接地装置与大地之间做可靠的连接，称为保护接地。如电机、开关设备、较大功率照明器具的外壳均采用该接地方式。

在中性点不接地电网中，电气设备及其装置除特殊规定外，均采用保护接地，以防止其漏电时对人体、设备造成危害。采用保护接地的电气设备及装置有电机、变压器、电器、开关、携带式或移动式用电设备的金属底座及外壳、电气设备的传动装置、配电屏、控制柜等。

当电气设备的金属外壳不接地时，使一相绝缘损坏碰壳，电流经人体电阻、大地和线路对地电阻构成回路，绝缘损坏时对地电阻变小，流经人体的电流增大，便会触电；当电气设备外壳接地时，虽有一相电源碰壳，但由于人体电阻远大于接地电阻，通过人体的电流较小，流经接地电阻的电流很大，从而保证了人体的安全。保护接地适用于中性点不接

地或不直接接地的电网系统。

（3）保护接零

在中性点直接接地的三相四线制供电系统中，为了保证人身安全把电气设备正常工作情况下不带电的金属外壳与电网中的零线做可靠的电气连接称为保护接零。对该系统来说，采用外壳接地已不足以保证安全，而应采用保护接零。当一相绝缘损坏碰壳时，在故障相中会产生很大的单相短路电流。由于外壳与零线连通，形成该相对零线的单相短路，发生短路产生的大电流使线路上的保护装置如熔断器、低压断路器等迅速动作，切断电源，消除触电危险。

保护接零的方法简单、安装可靠，但在三相四线制的供电系统中，零线是单相负载的工作电路，在正常运行时零线上的各点电位并不相等，且距离电源越远对地电位越高，一旦零线断线，不仅设备不能正常工作，而且设备的金属外壳还将带上危险的电压。因此，目前开始推广保护零线与工作零线完全分开的系统，也称为三相五线制系统（TN-S）。三相五线制系统中的“五线”指的是：三根相线、一根保护地线、一根工作零线，用于安全要求较高，设备要求统一接地的场所。

采用保护接零时要注意保护接地与保护接零的区别：①保护原理不同。保护接地是通过接地电阻来限制漏电设备的对地电压，使之不超过安全范围。在高压系统中，保护接地除限制对地电压外，在某些情况下还具有促使电网保护装置动作的作用；保护接零是通过零线使设备漏电形成单相短路，促使线路上的保护装置动作，以及切断故障设备的电源。②适用范围不同。保护接地适用于中性点不接地的高、低压电网，也适用于采取了其他安全措施（如装设漏电保护器）的低压电网；保护接零只适用于中性点直接接地的低压电网。③线路结构不同。保护接地只有保护地线无工作零线；保护接零却有保护零线和工作零线。

需要注意的是保护零线一般用黄绿双色线，在保护零线上不能安装开关和熔断器，以防止零线断开时造成触电事故。

（4）重复接地

为了防止接地中性线断线失去接零的保护作用，在三相四线制供电系统中，会将工作零线上的一点或多点再次与地进行可靠的电气连接，称为重复接地。对 1kV 以下的接零系统，重复接地的接地电阻不应大于 10Ω。重复接地可以降低三相不平衡电路中零线上可能出现的危险电压，减轻单相接地或高压窜入低压的危险。

5. 其他保护措施

（1）过电压保护

当电压超过预定最大值时，使电源断开或使受控设备电压降低的一种保护方式，称为过电压保护。这种方法主要采用避雷器、击穿保护器、接地装置等进行保护。

（2）静电防护

为了防止静电积累所引起的人身电击、火灾、爆炸、电子器件失效和损坏，以及对生产的不良影响而采取的一定的防范措施。这种方法主要采用接地、搭接、屏蔽等方法来抑制静电的产生，加速静电泄漏，并进行静电中和。

（3）电磁防护

电磁辐射是由电磁波形式的能量造成的。主要采用屏蔽、吸收、接地等措施来进行防护。电磁屏蔽是利用导电性能和导磁性能良好的金属板或金属网，通过反射效应和吸收效应，阻隔电磁波的传播。当电磁波遇到屏蔽体时，大部分被反射回去，其余的一小部分在金属内部被吸收而衰减。屏蔽接地是为了防止电磁感应而对电力设备的金属外壳、屏蔽罩、屏蔽线的外皮或建筑物金属屏蔽体等进行的接地措施，并将感应电流引入地下。

第四节　常用电工材料

一、导电材料

导电材料主要是金属材料，又称导电金属。用作导电材料的金属除应具有高导电性外，还应具有较高的机械强度、抗氧化性、抗腐蚀性，且容易加工和焊接。

（一）导电材料的特性

1. 电阻特性

在外电场的作用下，由于金属中的自由电子做定向运动时，不断地与晶格结点上做热振动的正离子相碰撞，使电子运动受到阻碍，因此金属具有一定的电阻。金属的电阻特性通常用电阻率 ρ 来表示。

2. 电子逸出功

金属中的电子脱离其本体变成自由电子所必须获得的能量称为电子逸出功，其单位为电子伏特，用 eV 表示。不同的金属，其电子逸出功不同。

3. 接触电位差

接触电位差是指在两种不同的金属或合金接触时，两者之间所产生的电位差。

4. **温差电势**

两种不同的金属接触，当两个触点间有一定的温度差时，则会产生温差电势。根据温差电势现象，选用温差电势大的金属，可以组成热电偶用来测量温度和高频电流。此外，温度升高，会使金属的电阻增大；合金元素和杂质也会使金属的电阻增大；机械加工也会使金属的电阻增大；电流频率升高，金属产生趋肤效应，导体的电阻也会增大。

（二）导电材料的分类

导电材料按用途一般可分为高电导材料、高电阻材料和导线材料。

1. **高电导材料**

高电导材料是指某些具有低电阻率的导电金属。常见金属的导电能力大小按顺序为银、铜、金、铝。由于金银价格高，因此仅在一些特殊场合使用。电子工业中常用的高电导材料为铜、铝及它们的合金。

（1）铜及其合金

纯铜（Cu）呈紫红色，故又称紫铜。它具有良好的导电性和导热性，不易氧化且耐腐蚀，机械强度较高，延展性和可塑性好，易于机械加工，便于焊接等优点。铜在室温、干燥的条件下，几乎不会氧化。但在潮湿的空气中，铜会产生铜绿；在腐蚀气体中会受到腐蚀。但纯铜的硬度不够高，耐磨性不好。所以，对某些特殊用途的导电材料，需要在铜的成分中适当加入其他元素构成铜合金。

黄铜是加入锌元素的铜合金，具有良好的机械性能和压力加工性能，其导电性能较差，抗拉强度大，常用于制作焊片、螺钉、接线柱等。

青铜是除黄铜、白铜外的铜合金的总称。常用的青铜有锡磷青铜、铍青铜等。锡磷青铜常用作弹性材料，其缺点是导电能力差、脆性大。铍青铜具有特别高的机械强度、硬度和良好的耐磨、耐蚀、耐疲劳性，并有较好的导电性和导热性，弹性稳定性好，弹性极限高，用于制作导电的弹性零件。

（2）铝及其合金

铝是一种白色的轻金属，具有良好的导电性和导热性，易进行机械加工，其导电能力仅次于铜，但体积质量小于铜。铝的化学性质活泼，在常温下的空气中，其表面很快氧化生成一层极薄的氧化膜，这层氧化膜能阻止铝的进一步氧化，起到一定的保护作用。其缺点是熔点很高、不易还原、不易焊接，并且机械强度低。所以，一般在纯铝中加入硅、镁等杂质构成铝合金以提高其机械强度。

铝硅合金又称硅铝明，它的机械强度比铝高，流动性好，收缩率小，耐腐蚀，易焊接，可代替细金丝用于连接线。

(3) 金及其合金

金具有良好的导电、导热性，不易被氧化，但价格高，主要用作连接点的电镀材料。金的硬度较低，常用的是加入各种硬化元素的金基合金。其合金具有良好的抗有机污染的能力，硬度和耐磨性均高于纯金，常用在要求较高的电接触元件中做弱电流、小功率接点，如各种继电器、波段开关等。

(4) 银及其合金

银的导电性和导热性很好，易于加工成形，其氧化膜也能导电，并能抵抗有机物污染。与其他贵重金属相比，银的价格比较便宜。但其耐磨性差，容易硫化，其硫化物不易导电，难以清除。因此，常采用银铜、银镁镍等合金。

银合金比银具有更好的机械性能，银铅锌、银铜的导电性能与银相近，而强度、硬度和抗硫化性均有所提高。

2. 高电阻材料

高电阻材料是指某些具有高电阻率的导电金属。常用的高电阻材料大都是铜、镍、铬、铁等合金。

(1) 锰铜

它是铜、镍、锰的合金，具有特殊的褐红色光泽，电阻率低，主要用于电桥、电位差计、标准电阻及分流器、分压器。

(2) 康铜

它是铜、镍合金，其机械强度高，抗氧化和耐腐蚀性好，工作温度较高。康铜丝在空气中加热氧化，能在其表面形成一层附着力很强的氧化膜绝缘层。康铜主要用于电流、电压的调节装置。

(3) 镍铬合金

它是一种电阻系数大的合金，具有良好的耐高温性能，常用来制造线绕电阻器、电阻式加热器及电炉丝。

(4) 铁铬铝合金

它是以铁为主要成分的合金，并加入少量的铬和铝来提高材料的电阻系数和耐热性。其脆性较大，不易拉成细丝，但价格便宜，常制成带状或直径较大的电阻丝。

3. 导线材料

在电子工业中，常用的连接导线有电线和电缆两大类，它们又可分为裸导线、电磁线、绝缘电线电缆、通信电缆等。

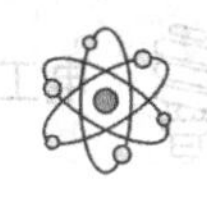

（1）裸导线

裸导线是没有绝缘层的电线，常用的有单股或多股铜线、镀锡铜线、电阻合金线等。其种类、型号及用途如表 1–7 所示。

表 1–7 常用裸导线的种类、型号及用途

种类		型号	主要用途
裸单线	硬圆铜单线	TY	做电线电缆的芯线和电器制品（如电机、变压器等）的绕组线。硬圆铜单线也可作电力及通信架空线
	软圆铜单线	TR	
裸单线	镀锡软铜单线	TRX	用于电线电缆的内、外导体制造及电器制品的电气连接
	裸铜软天线	TTR	适用于通信的架空天线
裸型线	软铜扁线	TBR	适用于电机、电器、配电线路及其他电工制品
	硬铜扁线	TBY	
	裸铜电刷线	TS、TSR	用于电机及电气线路上的连接电刷
电阻合金线	镍铬丝	Cr20Ni80	供制造发热元件及电阻元件用，正常工作温度为 1000℃
	康铜丝	KX	供制造普通线绕电阻器及电位器用，能在 500℃条件下使用

裸导线又可以分为圆单线、型线、软接线和裸绞线。

①圆单线：如单股裸铝、单股裸铜等，用作电机绕组等。②型线：如电车架空线、裸铜排、裸铝排、扁钢等，用作母线、接地线。③软接线：如铜电刷线、铜绞线等，用作连接线、引出线、接地线。④裸绞线：用于架空线路中的输电导线。

（2）电磁线

电磁线（绕组线）是指用于电动机电器及电工仪表中，作为绕组或元件的绝缘导线，一般涂漆或包缠纤维绝缘层。电磁线主要用于铸电机、变压器、电感器件及电子仪表的绕组等。电磁线的导电线芯有圆线和扁线两种，目前大多采用铜线，很少采用铝线。由于导线外面有绝缘材料，因此电磁线有不同的耐热等级。

常见的电磁线有漆包线和绕包线两类，其型号、名称、主要特性及用途如表 1–8 所示。

表 1-8　常用电磁线的型号、名称、主要特性及用途

型号	名称	主要特性及用途
QZ-1	聚酯漆包圆铜线	其电气性能好，机械强度较高，抗溶剂性能好，耐温在 130℃以下。用作中小型电动机、电气仪表等的绕组
QST	单丝漆包圆铜线	用于电动机、电气仪表的绕组
QZB	高强度漆包扁铜线	主要性能同 QZ-1，主要用于大型线圈的绕组
QJST	高频绕组线	高频性能好，用作绕制高频绕组

①漆包线的绝缘层是漆膜，广泛应用于中小型电动机及微电动机、干式变压器和其他电工产品中。②绕包线是用玻璃丝、绝缘纸或合成树脂薄膜等紧密绕包在导电线芯上，形成绝缘层；也有在漆包线上再绕包绝缘层的。

（3）绝缘电线电缆

绝缘电线电缆一般由导电的线芯、绝缘层和保护层组成。线芯有单芯、二芯、三芯和多芯几种。绝缘层用于防止放电或漏电，一般使用包括橡皮、塑料、油纸等材料。保护层用于保护绝缘层，可分为金属保护层和非金属保护层。

屏蔽电缆是在塑胶绝缘电线的基础上，外加导电的金属屏蔽层和外护套而制成的信号连接线。屏蔽电缆具有静电屏蔽、电磁屏蔽和磁屏蔽的作用，它能防止或减少线外信号与线内信号之间的相互干扰。屏蔽线主要用于 1mHz 以下频率的信号连接。

绝缘电线电缆是用于电力、通信及相关传输用途的材料。在导体外挤（绕）包绝缘层，如架空绝缘电缆或几芯绞合（对应电力系统的相线、零线和地线），如二芯以上架空绝缘电缆，或再增加护套层，如塑料/橡套电线电缆。主要用在发电、配电、输电、变电、供电线路中的强电电能传输，其通过的电流大（几十安至几千安）、电压高（220V~500kV 及以上）。射频电缆型号及命名方法如表 1-9 所示。

表 1-9　射频电缆型号及命名方法

分类代号或用途		绝缘		护套		派生特性	
符号	意义	符号	意义	符号	意义	符号	意义
S	射频同轴电缆	Y	聚乙烯实芯	V	聚氯乙烯	P	屏蔽
SE	射频对称电缆	YF	发泡聚乙烯	F	氟塑料	Z	综合式
ST	特种射频电缆	YK	纵孔聚乙烯	B	玻璃丝编织	D	镀铜屏蔽层
SJ	强力射频电缆	X	橡皮	H	橡胶套		
SG	高压射频电缆	D	聚乙烯空气	VZ	阻燃聚氯乙烯		
SZ	延迟射频电缆	F	氟塑料实芯	Y	聚乙烯		
SS	电视电缆	U	氟塑料空气				

塑胶绝缘电线是在裸导线的基础上外加塑胶绝缘的电线。通常将芯数少、产品直径小、结构简单的产品称为电线，没有绝缘的称为裸电线，其他的称为电缆；导体截面积大于 $6mm^2$ 的称为大电线，小于或等于 $6mm^2$ 的称为小电线。塑胶绝缘电线广泛用于电子产品的各部分、各组件之间的各种连接。塑胶绝缘电线的型号及命名方法如表 1-10 所示。

表 1-10　塑胶绝缘电线的型号及命名方法

分类代号或用途		绝缘		护套		派生特性	
符号	意义	符号	意义	符号	意义	符号	意义
A	安装线	V	聚氯乙烯	V	聚氯乙烯	P	屏蔽
B	布电线	F	氟塑料	H	橡胶套	R	软
F	飞机用低压	Y	聚乙烯	B	编织套	S	双绞
R	日用电器用软线	X	橡皮	L	蜡克	B	平行
Y	一般工业移动电器用线	ST	天然丝	N	尼龙套	D	带形
T	天线	B	聚丙烯	SK	尼龙丝	T	特种
		SE	双丝包				

电源软导线的主要作用是连接电源插座与电气设备。选用电源线时，除导线的耐压要符合安全要求外，还应根据产品的功耗，适当选择不同线径的导线。

（4）通信电缆

通信电缆是指用于近距离的音频通信和远距离的高频载波、数字通信及信号传输的电缆。根据通信电缆的用途和使用范围，可将其分为市内通信电缆、长途对称电缆、同轴电缆、海底电缆、光纤电缆、射频电缆。

①市内通信电缆：包括纸绝缘市内话缆、聚烯烃绝缘聚烯烃护套市内话缆。②长途对称电缆：包括纸绝缘高低频长途对称电缆、铜芯泡沫聚乙烯高低频长途对称电缆以及数字传输长途对称电缆。③同轴电缆：包括小同轴电缆、中同轴和微小同轴电缆。④海底电缆：包括对称海底电缆和同轴海底电缆。⑤光纤电缆：包括传统的电缆型电缆、带状列阵型电缆和骨架型电缆。⑥射频电缆：包括对称射频电缆和同轴射频电缆。

（三）常用线材的使用条件

1. 电路条件

（1）允许电流

允许电流是指常温下工作的电流值，导线在电路中工作时的电流要小于允许电流。导线的允许电流应大于电路总的最大电流，且应留有余地，以保证导线在高温下能正常使用。

（2）导线的电阻电压降

当有电流流经导线时，由于导线电阻的作用，会在导线上产生压降。导线的直径越大，其电阻越小，压降越小。当导线很长时，要考虑导线电阻对电压的影响。

（3）额定电压和绝缘性

由于导线的绝缘层在高压下会被击穿，因此，导线的工作电压应远小于击穿电压（一般取击穿电压的1/3）。使用时，电路的最大电压应低于额定电压，以保证绝缘性能和使用安全。

（4）使用频率及高频特性

由于导线的趋肤效应、绝缘材料的介质损耗，使得在高频情况下导线的性能变差，因此，高频时可用镀银线、裸粗铜线或空心铜管。对不同的频率应选用不同的线材，要考虑高频信号的趋肤效应。

（5）特性阻抗

不同的导线具有不同的特性阻抗，二者不匹配时会引起高频信号的反射。在射频电路中还应考虑导线的特性阻抗，以保证电路的阻抗匹配及防止信号的反射波。

（6）信号电平与屏蔽

当信号较小时，会引起信噪比的降低，导致信号的质量下降，此时应选用屏蔽线，以降低噪声的干扰。

2. 环境条件

①温度。由于环境温度的影响，会使导线的绝缘层变软或变硬，以致其变形、开裂，从而造成短路。②湿度。环境潮湿会使导线的芯线氧化，绝缘层老化。③气候。恶劣的气候会加速导线的老化。④化学药品。许多化学药品都会造成导线腐蚀和氧化。

因此，选用的线材应能适应环境的温度、湿度及气候的要求。一般情况下，导线不要与化学药品及日光直接接触。

3. 机械强度

选择的线材应具备良好的拉伸强度、耐磨损性和柔软性，质量要轻，以适应环境的机械振动等条件。

二、绝缘材料

绝缘材料又称电介质，是指具有高电阻率且电流难以通过的材料。通常情况下，可认为绝缘材料是不导电的。

（一）绝缘材料的作用

绝缘材料的作用就是将电气设备中电势不同的带电部分隔离开来。因此，绝缘材料首先应具有较高的绝缘电阻和耐压强度，能避免发生漏电、击穿等事故。其次是其耐热性能要好，能避免因长期过热而老化变质。此外，还应具有良好的导热性、耐潮防雷性和较高的机械强度以及工艺加工方便等特点。根据上述要求，常用绝缘材料的性能指标有绝缘强度（kV/mm）、抗张强度、体积质量、膨胀系数等。

（二）绝缘材料的分类

1. 绝缘材料按化学性质分类

绝缘材料按化学性质可分为无机绝缘材料、有机绝缘材料和复合绝缘材料。

（1）无机绝缘材料

无机绝缘材料有云母、石棉、大理石、瓷器、玻璃、硫黄等。主要用作电动机、电器的绕组绝缘、开关的底板和绝缘子等。无机绝缘材料的耐热性好，不易燃烧，不易老化，适合制造稳定性要求高而机械性能坚实的零件，但其柔韧性和弹性较差。

（2）有机绝缘材料

有机绝缘材料有虫胶、树脂、橡胶、棉纱、纸、麻、人造丝等，大多用来制造绝缘漆、绕组导线的被覆绝缘物等。其特点是轻、柔软、易加工，但耐热性不好，化学稳定性差，易老化。

（3）复合绝缘材料

复合绝缘材料是由以上两种材料经过加工制成的各种成形绝缘材料，用作电器的底座、外壳等。

2. 绝缘材料按形态分类

绝缘材料按形态可分为气体绝缘材料、液体绝缘材料和固体绝缘材料。

（1）气体绝缘材料

气体绝缘材料就是用于隔绝不同电位导电体的气体。在一些设备中，气体作为主绝缘材料，其他固体电介质只能起支撑作用，如输电线路、变压器相间绝缘均以气体作为绝缘材料。

气体绝缘材料的特点是气体在放电电压以下有很高的绝缘电阻，发生绝缘破坏时也容易自行恢复。气体绝缘材料具有很好的游离场强和击穿场强，化学性质稳定，不易因放电作用而分解。与液体和固体相比，其缺点是绝缘屈服值低。

常用的气体绝缘材料包括空气、氮气、二氧化碳、六氟化硫以及它们的混合气体。其广泛应用于架空线路、变压器、全封闭高压电器、高压套管、通信电缆、电力电缆、电容器、断路器以及静电电压发生器等设备中。

（2）液体绝缘材料

液体电介质又称为绝缘油，在常温下为液态，用于填充固体材料内部或极间的空隙，以提高其介电性能，并改进设备的散热能力，在电气设备中起绝缘、传热、浸渍及填充作用。如在电容器中，它能提高其介电性能，增大每单位体积的储能量；在开关中，它能起灭弧作用。

液体绝缘材料的特点是具有优良的电气性能，即击穿强度高，介质损耗较小，绝缘电阻率高，相对介电常数小。

常用的液体绝缘材料有变压器油、断路器油、电容器油等，主要用在变压器、断路器、电容器和电缆等油浸式的电气设备中。

（3）固体绝缘材料

固体绝缘材料是用来隔绝不同电位导电体的固体。一般还要求固体绝缘材料兼具支撑作用。

固体绝缘材料的特点是：与气体绝缘材料、液体绝缘材料相比，由于其密度较高，因此其击穿强度也很高。

固体绝缘材料可以分成无机的和有机的两大类。无机固体材料主要有云母、粉云母及云母制品，玻璃、玻璃纤维及其制品，以及电瓷、氧化铝膜等。它们耐高温、不易老化，具有相当高的机械强度，其中某些材料如电瓷等，成本低，在实际应用中占有一定的地位。其缺点是加工性能差，不易适应电工设备对绝缘材料的成形要求。有机固体材料主要有纸、棉布、绸、橡胶、可以固化的植物油、聚乙烯、聚苯乙烯、有机硅树脂等。

第二章　电子元器件

第一节　电阻器和电容器

每一台电子产品整机都是由具有一定电路功能的电路、部件和工艺结构组成。其各项指标包括电气性能、质量和可靠性等方面的优劣程度，取决于电路设计、结构设计、工艺设计、电子元器件与原材料。其中元器件与原材料是实现电路原理设计、结构设计、工艺设计的主要依据。电子元器件是在电路中具有独立电气功能的基本单元。元器件在各类电子产品中占有重要地位，特别是一些通用的电子元器件，更是电子产品不可缺少的基本材料。熟悉和掌握各类元器件的性能、特点和使用等，对电子产品的设计、制造是十分重要的。

一、电子元器件概述

电子元器件是在电路中具有独立电气功能的基本单元，是实现电路功能的主要元素，是电子产品的核心部件。任何一部电子产品都是由各种所需的电子元器件组成电路，从而实现相应的功能。

电子元器件的发展经历了以电子管为核心的经典电子元器件时代和半导体分离器件为核心的小型化电子元器件时代，目前已进入以高频和高速处理集成电路为核心的微电子元器件时代，如表 2-1 所示。

表 2-1　电子元器件的发展阶段

发展阶段	经典电子元器件	小型化电子元器件	微电子元器件
核心有源器件	电子管	半导体分立器件（含低频低速集成电路）	高频高速处理集成电路

续表

发展阶段	经典电子元器件	小型化电子元器件	微电子元器件
整机装联工艺	以薄铁板为支撑，通过管座和支架利用引线和导线将元器件连接起来，并采用手工钎焊装联	以插装方式将元器件安装在有通孔的印制电路板上。印制电路板既作为支撑又用其铜图形做导体连接各种元器件。采用手工和自动插装机及波峰焊为主	以表面（SMT）和芯片尺寸贴装（CSP）等方式将元器件安装在相应的印制电路板（表面贴装和高密度互连印制电路板）上；采用自动贴装或智能化混合安装及再流焊、双波峰焊设备等装联设备
电子元器件技术与生产特点	高电压、大体积、类型和品种少、长引线或管座、结构简单；生产规模小，年生产规模以万计；以工、夹具和简单机械设备方式生产	小型化、低电压、高可靠、高稳定、类型和品种大幅增多；出现功能性和组合元器件，年生产规模多以亿计；产品和零部件专业化生产	小型化，适用于表面安装。高频特性好、宽带、一致性、高可靠、高稳定、高精度、低功耗、多功能、组件化、智能化、模块化；具有尽可能小的寄生参数，有固定阻抗、EMI/RF要求；类型、品种之间及其消长关系有新的规律；年生产规模多以十亿、百亿计；自动生产环境有不同的净化要求；零部件、工序的专业化

微电子元器件包括集成电路、混合集成电路、片式和扁平式元件和机电组件、片式半导体分立器件等。微电子是指采用微细工艺的集成电路，随着集成电路集成度和复杂度的大幅提高、线宽越来越细和采用铜导线，其基频和处理速度也大幅提高，在电子线路中其周边的其他元器件必然要有相应速率的处理速度，才能完成各自所承担的功能。因此，需要通过整个设备及系统来分析元器件的发展。

上述对电子元器件的发展阶段的划分是21世纪初提出的，但近年来，电子技术和电子产业的发展很快，新技术、新产品不断涌现，尤其是随着智能化产品和系统越来越普及，智能化时代已经到来。同时，由于量子技术也有了新突破，信息技术有可能进入“量子时代”。

二、电阻器

各种导体材料对通过的电流总呈现一定的阻碍作用，并将电流的能量转换成热能，这种阻碍作用称为电阻。具有电阻性能的实体元件称为电阻器。加在电阻器两端的电压U与

通过电阻器的电流I之比称为该电阻器的电阻值R，单位为Ω，即：

$$R=\frac{U}{I}$$

电阻器一般分为固定电阻器、敏感电阻器和电位器（可变电阻器）三大类。

（一）固定电阻器

阻值固定、不能调节的电阻器称为固定电阻器。电阻是耗能元件，在电路中用于分压、分流、滤波、耦合、负载等。

电阻器按照其制造材料的不同，又可分为碳膜电阻（用RT表示）、金属膜电阻（用RJ表示）和线绕电阻（用RX表示）等数种。碳膜电阻器是通过气态碳氢化合物在高温和真空中分解，碳微粒形成一层结晶膜沉积在磁棒上制成的。它采用刻槽的方法控制电阻值，其价格低，应用普遍，但热稳定性不如金属膜电阻好。金属膜电阻器是在真空中加热合金至蒸发，使磁棒表面沉积出一层导电金属膜而制成的。通过刻槽或改变金属膜厚度，可以调整其电阻值。这种产品体积小、噪声低，稳定性良好，但成本略高。线绕电阻是用康铜丝或锰铜丝缠绕在绝缘骨架上制成的。它具有耐高温、精度高、功率大等优点，在低频的精密仪表中应用广泛。

1. 型号命名方法

国产电阻器的型号命名一般由四个部分组成，依次分别代表名称、材料、分类和序号。

第一部分为名称，电阻器用R表示；

第二部分为材料，用字母表示电阻器的导电材料，如表2-2所示；

第三部分为分类，一般用数字表示，个别类型用字母表示，如表2-3所示；第四部分为序号，表示同类产品的不同品种。

表2-2 电阻器的材料、符号意义对照表

符号	意义	符号	意义
G	沉积膜	S	有机实芯
H	合成碳膜	T	碳膜
I	玻璃釉	X	线绕
J	金属膜	Y	氧化膜
N	无机实芯	——	——

表 2-3 电阻器的类型、符号意义对照表

符号	意义	符号	意义
1	普通	8	高压
2	普通或阻燃	9	特殊
3	超高频	C	防潮
4	高阻	G	高功率
5	高温	T	可调
7	精密	X	小型

2. 主要特性参数

电阻器的主要特性参数有标称阻值、允许误差和额定功率等。

(1) 标称阻值

标称阻值是在电阻器上标注的电阻值。目前电阻器标称阻值有三大系列：E24、E12、E6，其中 E24 系列最全，电阻器标称值如表 2-4 所示。

表 2-4 电阻器标称值

标称值系列	允许误差/%	标称阻值
E24	±5（Ⅰ级）	1.0，1.1，1.2，1.3，1.5，1.6，1.8，2.0，2.4，2.7，3.0，3.3，3.6，3.9，4.3，4.7，4.1，4.6，6.2，6.8，7.5，8.2，9.1
E12	±10（Ⅱ级）	1.0，1.2，1.5，1.8，2.2，2.7，3.3，3.9，4.7，4.6，6.8，8.2
E6	±20（Ⅲ级）	1.0，1.5，2.2，3.3，4.7，6.8

电阻值的基本单位是“欧姆”，用字母“Ω”表示，此外，常用的还有千欧（kΩ）和兆欧（MΩ）。它们之间的换算关系为：$1M\Omega = 10^3 k\Omega = 10^6 \Omega$。

(2) 允许误差

标称阻值与实际阻值的差值跟标称阻值之比的百分数称为阻值偏差，它表示电阻器的精度。误差越小，电阻精度越高。电阻器误差用字母或级别表示，如表 2-5 所示。

表 2-5 字母表示误差的含义

文字符号	误差/%	文字符号	误差/%	文字符号	误差/%
Y	±0.001	W	±0.05	G	±2
X	±0.002	B	±0.1	J	±5（Ⅰ级）
E	±0.005	C	±0.25	K	±10（Ⅱ级）
L	±0.01	D	±0.5	M	±20（Ⅲ级）
P	±0.02	F	±1	N	±30

（3）额定功率

额定功率是在正常的大气压为 90～106.6kPa 及环境温度为－55℃～70℃的条件下，电阻器长期工作而不改变其性能所允许承受的最大功率。电阻器额定功率的单位为“瓦”，用字母“W”表示。

电阻器常见的额定功率一般分为 1/8W、1/4W、1/2W、1W、2W、3W、4W、5 W、10W 等，其中 1/8W 和 1/4W 的电阻较为常用。

3. **标注方法**

（1）直标法

直标法是将电阻器的主要参数直接标注在电阻器表面的标志方法。允许误差直接用百分数表示，若电阻器上未标注偏差，则其偏差均为±20%。

（2）文字符号法

文字符号法是用数字和文字符号两者有规律的组合来表示标称阻值的标志方法，其允许误差也用文字符号表示。符号 Ω、k、M 前面的数字表示阻值的整数部分，后面的数字依次表示第一位小数阻值和第二位小数阻值。如标识为 5k7 中的 k 表示电阻的单位为 kΩ，即该电阻器的阻值为 5.7kΩ。

（3）数码法

数码法是采用三位数字来表示标称值的标志方法。数字从左到右，第一、二位为有效数字，第三位为指数，即“0”的个数，单位为“欧姆”。允许误差采用文字符号表示。如标识为 222 的电阻器，其阻值为 2200Ω，即 2.2kΩ；标识为 105 的电阻器，其阻值为 1000 000Ω，即 1MΩ。

（4）色标法

色标法是采用不同颜色的带或点在电阻器表面标出标称值和允许误差的标志方法。色标法多用于小功率的电阻器，特别是 0.5W 以下的金属膜和碳膜电阻器较为普遍，可分为三环、四环和五环 3 种。不同的颜色代表不同的数字，如表 2-6 所示。

三环表示法的前两位表示有效数字，第三位表示乘数；四环表示法的前两位表示有效数字，第三位表示乘数，第四位表示允许误差；五环表示法的前三位表示有效数字，第四位表示乘数，第五位表示允许误差。

对于色标法，首色环的识别很重要，判断方法有以下几种：①首色环与第二色环之间的距离比末位色环与倒数第二色环之间的间隔要小。②金、银色环常用来表示电阻误差，即金、银色环一般放在末位。③与末位色环的位置相比，首位色环更靠近引线端，因此可以利用色环与引线端的距离来判断哪个是首色环。④如果电阻上没有金、银色环，并且无法判断哪个色环更靠近引线端，可以用万用表检测实际阻值，根据测量值可以判断首位有效数字及乘数。

4. 电阻器的测量

电阻的识别是在电阻上标志完整的情况下进行的，但有时也会遇到电阻上无任何标记，或要对某些未知的电阻进行测量等情况，此时就要进行电阻的测量。电阻测量的方法有三种：万用表测量法、直流电桥测量法、伏安表测量法。本书将对万用表测量法进行详细介绍。万用表是测量电阻的常用仪表，万用表测量电阻法也是常用的测量方法，它具有测量方便、灵活等优点，但其测量精度低。所以在需要精确测量电阻时，一般采用直流电桥进行测量。

用万用表测量电阻时应注意以下几点：

（1）测量前万用表欧姆挡调零

万用表欧姆挡调零就是在万用表选择“Ω”挡后，将万用表的红、黑表笔短接，调节万用表，使万用表显示为“0”。将万用表欧姆挡调零是测量电阻值之前必不可少的步骤，而且万用表每个挡都要进行调零处理，否则在测量时会出现较大的误差。

（2）选择适当的量程

由于万用表有多个欧姆挡，所以在测量时要恰当选择测量挡。如万用表有 200Ω、2kΩ、20kΩ 等几个挡，则测量电阻时应尽量选择与被测电阻阻值最相近且高于其阻值的欧姆挡。例如，测量 680Ω 的电阻，应选择 2kΩ 的挡最为合适。

（3）注意测量方法

在进行电阻测量时，手不能同时触及电阻引出线的两端，特别是测量阻值比较大的电阻时，否则会由于手的电阻并入而造成较大的测量误差；在进行小阻值电阻测量时，应特别注意万用表表笔与电阻引出线是否接触良好，如有必要应用砂布将被测量电阻引脚处的氧化层擦去，然后再进行测量，否则也会因氧化层造成接触不良引起较大的测量误差。电阻在进行在线测量时，应在断电的情况下进行，并将电阻的一端引脚从电路板上拆焊下来，然后再进行测量。

（二）敏感电阻器

敏感电阻器是指其阻值对某些物理量（如温度、电压等）表现敏感的电阻器，其型号命名一般由 3 个部分组成，依次分别代表名称、用途、序号等。敏感电阻器的符号、意义对照表如表 2-6 所示。

表 2-6 敏感电阻器的符号、意义对照表

符号	意义	符号	意义
MC	磁敏电阻	MQ	气敏电阻
MF	负温度系数热敏电阻	MS	湿敏电阻
MG	光敏电阻	MY	压敏电阻
ML	力敏电阻	MZ	正温度系数热敏电阻

1. 压敏电阻器

压敏电阻器是使用氧化锌作为主材料制成的半导体陶瓷器件，是对电压变化非常敏感的非线性电阻器。在一定温度和一定的电压范围内，当外界电压增大时，其阻值减小；当外界电压减小时，其阻值反而增大。因此，压敏电阻器能使电路中的电压始终保持稳定。其常用于电路的过压保护、尖脉冲的吸收、消噪等，使电路得到保护。

压敏电阻器用数字表示型号分类中更细的分类号。

压敏电压用 3 位数字表示，前两位数字为有效数字，第三位数字表示 0 的个数。如 390 表示 39V，391 表示 390V。

瓷片直径用数字表示，单位为 mm，分为 5mm、7mm、10mm、14mm、20mm 等。电压误差用字母表示，J 表示±5%，K 表示±10%，L 表示±15%，M 表示±20%。

例如，MYD07K680 表示标称电压为 68V，电压误差为±10%，瓷片直径为 7mm 的通用型压敏电阻器；MYG20G05K151 表示压敏电压（标称电压）为 150V，电压误差为±10%，瓷片直径为 5mm，而且是浪涌抑制型压敏电阻器。

2. 热敏电阻器

热敏电阻器是用热敏半导体材料经一定的烧结工艺制成的，这种电阻器受热时，阻值会随着温度的变化而变化。热敏电阻器有正、负温度系数型之分。正温度系数型电阻器随着温度的升高，其阻值增大；负温度系数型电阻器随着温度的升高，其阻值反而下降。

（1）正温度系数热敏电阻器

当温度升高时，其阻值也随之增大，而且阻值的变化与温度的变化成正比，当其阻值增大到最大值时，阻值将随温度的增加而开始减小。正温度系数热敏电阻器随着产品品种的不断增加，应用范围也越来越广，除了用于温度控制和温度测量电路外，还大量应用于电视机的消磁电路、电冰箱、电熨斗等家用电器中。

（2）负温度系数热敏电阻器

它的最大特点为阻值与温度的变化成反比，即阻值随温度的升高而降低，当温度大幅升高时，其阻值也大幅下降。负温度系数热敏电阻器的应用范围很广，如用于家电类的温度控制、温度测量、温度补偿等。空调器、电冰箱、电烤箱、复印机的电路中普遍采用了负温度系数热敏电阻器。

3. 光敏电阻器

光敏电阻器的种类很多，根据光敏电阻器的光敏特性，可将其分为可见光光敏电阻器、红外光光敏电阻器及紫外光光敏电阻器。根据光敏层所用半导体材料的不同，又可分为单晶光敏电阻器与多晶光敏电阻器。

光敏电阻器的最大特点是对光线非常敏感，电阻器在无光线照射时，其阻值很高，当有光线照射时，阻值很快下降，即光敏电阻器的阻值是随着光线的强弱而发生变化的。光敏电阻器的应用比较广泛，其主要用于各种光电自动控制系统，如自动报警系统、电子照相机的曝光电路，还可以用于非接触条件下的自动控制等。

光敏电阻器在未受到光线照射时的阻值称为暗电阻，此时流过的电流称为暗电流。在受到光线照射时的电阻称为亮电阻，此时流过的电流称为亮电流。亮电流与暗电流之差称为光电流。一般暗电阻越大，亮电阻越小，则光敏电阻器的灵敏度越高。光敏电阻器的暗电阻值一般在兆欧数量级，亮电阻值则在几千欧以下。暗电阻与亮电阻之比一般为 102 ~106。

由于光敏电阻器对光线特别敏感，有光线照射时，其阻值迅速减小；无光线照射时，其阻值为高阻状态；因此在选择时，应首先确定控制电路对光敏电阻器的光谱特性有何要求，到底是选用可见光光敏电阻器还是选用红外光光敏电阻器。另外选择光敏电阻器时还应确定亮阻、暗阻的范围。此项参数的选择是关系到控制电路能否正常动作的关键，因此必须予以认真确定。

4. 湿敏电阻器

湿敏电阻器是对湿度变化非常敏感的电阻器，能在各种湿度环境中使用。它是将湿度转换成电信号的换能器件。正温度系数湿敏电阻器的阻值随湿度的升高而增大，在录像机中使用的就是正温度系数湿敏电阻器。

按阻值变化的特性可将其分为正温度系数湿敏电阻器和负温度系数湿敏电阻器。按其制作材料又可分为陶瓷湿敏电阻器、高分子聚合物湿敏电阻器和硅湿敏电阻器等。其特点有如下几个方面：①湿敏电阻器是对湿度变化非常敏感的电阻器，能在各种湿度环境中使用。②它是将湿度转换成电信号的换能元件。③正温度系数湿敏电阻器的阻值随湿度升高而增大，如在录像机中使用的就是正温度系数湿敏电阻器。④湿敏元件能反映环境湿度的变化，并通过元件材料的物理或化学性质的变化，将湿度变化转换成电信号。对湿敏元件的要求是，在各种气体环境湿度下的稳定性好，寿命长，耐污染，受温度影响小，响应时间短，有互换性，成本低等。

湿敏电阻器的选用应根据不同类型的不同特点以及湿敏电阻器的精度、湿度系数、响应速度、湿度量程等进行选择。例如，陶瓷湿敏电阻器的感湿温度系数一般只在 0.07% RH/℃左右，可用于中等测湿范围的湿度检测，可不考虑湿度补偿。如 MSC-1 型、MSC-2 型则适用于空调器、恒湿机等。

（三）电位器

可变电阻器是指其阻值在规定的范围内可任意调节的变阻器，它的作用是改变电路中电压、电流的大小。可变电阻器可以分为半可调电阻器和电位器两类。半可调电阻器又称微调电阻器，它是指电阻值虽然可以调节，但在使用时经常固定在某一阻值上的电阻器。这种电阻器一经装配，其阻值就固定在某一数值上，如晶体管应用电路中的偏流电阻器。在电路中，如果须做偏置电流的调整，只要微调其阻值即可。电位器是在一定范围内阻值连续可变的一种电阻器。

1. 电位器的主要参数

电位器的主要参数有标称阻值、零位电阻、额定功率、阻值变化特性、分辨率、滑动噪声、耐磨性和温度系数等。

（1）标称阻值、零位电阻和额定功率

电位器上标注的阻值称为标称阻值，即电位器两定片端之间的阻值；零位电阻是指电位器的最小阻值，即动片端与任一定片端之间的最小阻值；电位器额定功率是指在交、直流电路中，当大气压为 87~107kPa 时，在规定的额定温度下，电位器长期连续负荷所允许消耗的最大功率。

（2）电位器的阻值变化特性

阻值变化特性是指电位器的阻值随活动触点移动的长度或转轴转动的角度变化而变化的关系，即阻值输出函数特性。常用的函数特性有 3 种，即指数式、对数式、线性式。

（3）电位器的分辨率

电位器的分辨率也称分辨力。对线绕电位器来讲，当动接触点每移动一圈时，其输出电压的变化量与输出电压的比值即为分辨率。直线式绕线电位器的理论分辨率为线绕总匝数的倒数，并以百分数表示。电位器的总匝数越多，分辨率越高。

（4）电位器的动噪声

当电位器在外加电压作用下，其动接触点在电阻体上滑动时，产生的电噪声称为电位器的动噪声。动噪声是滑动噪声的主要参数，其大小与转轴速度、接触点和电阻体之间的接触电阻、电阻体电阻率的不均匀变化、动接触点的数目以及外加电压的大小有关。

2. 常用的电位器

(1) 合成碳膜电位器

合成碳膜电位器的电阻体是用碳膜、石墨、石英粉和有机粉合剂等配成一种悬浮液，涂在玻璃釉纤维板或胶纸上制作而成的。其制作工艺简单，是目前应用最广泛的电位器。合成碳膜电位器的优点是阻值范围宽，分辨率高，并且能制成各种类型的电位器，寿命长，价格低，型号多。其缺点为功率不太高，耐高温性差，耐湿性差，且阻值低的电位器不容易制作。

(2) 有机实芯电位器

有机实芯电位器是一种新型电位器，它是用加热塑压的方法，将有机电阻粉压在绝缘体的凹槽内。有机实芯电位器与碳膜电位器相比，具有耐热性好、功率大、可靠性高、耐磨性好的优点。但其温度系数大，动噪声大，耐湿性能差，且制造工艺复杂，阻值精度较差。这种电位器常在小型化、高可靠、高耐磨性的电子设备以及交、直流电路中用于调节电压、电流。

(3) 金属膜电位器

金属膜电位器是由金属合成膜、金属氧化膜、金属合金膜和氧化钽膜等几种材料经过真空技术沉积在陶瓷基体上制作而成的。其优点是耐热性好，分布电感和分布电容小，噪声电动势很低。其缺点是耐磨性不好，组织范围小（10Ω~100kΩ）。

(4) 线绕电位器

线绕电位器是将康铜丝或镍铬合金丝作为电阻体，并把它绕在绝缘骨架上制成的。线绕电位器的优点是接触电阻小，精度高，温度系数小。其缺点是分辨率差，阻值偏低，高频特性差。其主要用作分压器、变压器、仪器中调零和调整工作点等。

(5) 数字电位器

数字电位器取消了活动件，是一个半导体集成电路。其优点为调节精度高，没有噪声，有极长的工作寿命，无机械磨损，数据可读/写，具有配置寄存器和数据寄存器，以及多电平量存储功能，易于用软件控制，且体积小，易于装配。它适用于家庭影院系统、音频环绕控制、音响功放和有线电视设备。

3. 电位器的测量

(1) 电位器标称阻值的测量

电位器有3个引线片，即两个端片和一个中心抽头触片。测量其标称阻值时，应选择万用表欧姆挡的适当量程，将万用表两表笔搭在电位器两端片上，万用表指针所指的电阻

数值即为电位器的标称阻值。

(2) 性能测量

性能测量主要是测量电位器的中心抽头触片与电阻体接触是否良好。测量时，将电位器的中心触片旋转至电位器的任意一端，并选择万用表欧姆挡的适当量程，将万用表的一支表笔搭在电位器两端片的任意一片上，另一支表笔搭在电位器的中心抽头触片上。此时，万用表上的读数应为电位器的标称阻值或为0。然后缓慢旋转电位器的旋钮至另一端，万用表的读数会随着电位器旋钮的转动从标称阻值开始连续不断地下降或从0开始连续不断地上升，直到下降为零或上升到标称阻值。

三、电容器

电容器是一个储能元件，用字母C表示。顾名思义，电容器就是“储存电荷的容器”。尽管电容器品种繁多，但它们的基本结构和原理是相同的。两片相距很近的金属中间被某物质（固体、气体或液体）所隔开，就构成了电容器。两片金属称为极板，中间的物质叫作介质。电容器在电路中具有隔断直流电、通过交流电的作用。常用于耦合、滤波、去耦、旁路及信号调谐等方面，它是电子设备中不可缺少的基本元件。

（一）电容器的种类及符号

电容器可分为固定式电容器和可变式电容器两大类。固定式电容器是指电容量固定不能调节的电容器，而可变式电容器的电容量是可以调节变化的。按其是否有极性来分类，可分为无极性电容器和有极性电容器。常见的无极性电容器按其介质的不同，又可分为纸介电容器、油浸纸介电容器、金属化纸介电容器、有机薄膜电容器、云母电容器、玻璃釉电容器和陶瓷电容器等。有极性电容器按其正极材料的不同，又可分为铝电解电容器、钽电解电容器和铌电解电容器。

电容器的常用标注单位有：法拉（F）、微法（μF）、皮法（pF），也有使用mF和nF单位进行标注的。它们之间的换算关系为

$$1F = 10^3 mF = 10^6 \mu F = 10^9 nF = 10^{12} pF$$

（二）电容器的型号命名方法

国产电容器的型号命名由四部分组成：第一部分用字母“C”表示主称为电容器。第二部分用字母表示电容器的介质材料，各字母表示的含义如表2-7所示。第三部分用数字或字母表示电容器的类别，如表2-7所示。第四部分用数字表示序号。

表 2-7 国产电容器的型号命名方法

用字母表示产品的材料			
字母	电容器介质材料	字母	电容器介质材料
A	钽电解	L	聚酯等极性有机薄膜
B	聚苯乙烯等非极性薄膜	LS	聚碳酸酯等极性有机薄膜
C	高频陶瓷	N	铌电解
D	铝电解	O	玻璃膜
E	其他材料电解	Q	漆膜
G	合金电解	ST	低频陶瓷
H	纸膜复合介质	VX	云母纸
I	玻璃釉	Y	云母
J	金属化纸介	Z	纸

<table>
<tr><th colspan="7">用数字或字母表示产品的材料</th></tr>
<tr><th rowspan="2">数字代号</th><th colspan="4">分类意义</th><th rowspan="2">字母代号</th><th rowspan="2">分类意义</th></tr>
<tr><th>瓷介</th><th>云母</th><th>有机</th><th>电解</th></tr>
<tr><td>1</td><td>圆形</td><td>非密封</td><td>非密封</td><td>箔式</td><td rowspan="6">GT</td><td rowspan="6">高功率</td></tr>
<tr><td>2</td><td>管形</td><td>非密封</td><td>非密封</td><td>箔式</td></tr>
<tr><td>3</td><td>叠片</td><td>密封</td><td>密封</td><td>烧结粉液体</td></tr>
<tr><td>4</td><td>独石</td><td>密封</td><td>密封</td><td>烧结粉固体</td></tr>
<tr><td>5</td><td>穿心</td><td></td><td></td><td></td></tr>
<tr><td>6</td><td>支柱等</td><td></td><td></td><td></td></tr>
<tr><td>7</td><td></td><td></td><td></td><td>无极性</td><td rowspan="3">W</td><td rowspan="3">微调</td></tr>
<tr><td>8</td><td>高压</td><td>高压</td><td>高压</td><td></td></tr>
<tr><td>9</td><td></td><td></td><td>特殊</td><td>特殊</td></tr>
</table>

（三）电容器的主要参数

电容器的主要参数有标称容量、允许误差、额定电压、频率特性、漏电电流等。

1. 电容器的标称容量、允许误差

电容器上标注的电容量被称为标称容量。在实际应用时，电容量在 10^4pF 以上的电容器，通常采用μF 作单位，常见的容量有 0. 047μF 、0. 1μF 、2. 2μF 、330μF 、4700μF 等。

电容量在 104pF 以下的电容器，通常用 pF 作单位，常见的电容量有 2pF 、68pF 、100pF 、680pF 、5600pF 等。

电容器标称容量与实际容量的偏差称为误差，在允许的偏差范围内称为精度。

2. **额定电压**

额定电压是指在规定的温度范围内，电容器在电路中长期可靠地工作所允许加载的最高直流电压。如果电容器工作在交流电路中，则交流电压的峰值不得超过其额定电压，否则电容器中的介质会被击穿造成电容器损坏。一般电容器的额定电压值都标注在电容器外壳上。常用固定电容器的直流电压系列有 1.6V、4V、6.3V、10V、16V、25V、32V、40V、50V、63V、100V、125V、160V、250V、300V、400V、450V、500V、630V 及 1000V。

3. **频率特性**

频率特性是指在一定的外界环境温度下，电容器所表现出的电容器的各种参数随着外界施加的交流电的频率不同而表现出不同性能的特性。对于不同介质的电容器，其适用的工作频率也不同。例如，电解电容器只能在低频电路中工作，而高频电路只能用容量较小的云母电容器等。

4. **漏电电流**

理论上电容器有隔直通交的作用，但有些时候，如在高温、高压等情况下，当给电容器两端加上直流电压后仍有微弱电流流过，这与绝缘介质的材料密切相关。这一微弱的电流被称作漏电电流，通常电解电容的漏电电流较大，云母或陶瓷电容的漏电电流相对较小。漏电电流越小，电容的质量就越好。

（四）电容器的测量

电容器的测量包括对电容器容量的测量和电容器的好坏判断。电容器容量的测量主要用数字仪表进行。电容器的好坏判断一般用万用表进行，并视电容器容量的大小选择万用表的量程。电容器的好坏判断是根据电容器接通电源时瞬时充电，在电容器中有瞬时充电电流流过的原理进行的。

数字万用电表的蜂鸣器挡内装有蜂鸣器，当被测线路的电阻小于某一数值时（通常为几十欧，视数字万用表的型号而定），蜂鸣器即发出声响。

数字万用电表的红表笔接电容器的正极，黑表笔接电容器的负极，此时，能听到一阵短促的蜂鸣声，声音随即停止，同时显示溢出符号“1”。这是因为刚开始对被测电容充电时，电容较大，相当于通路，所以蜂鸣器发声；随着电容器两端的电压不断升高，充电电流迅速减小，蜂鸣器停止发声。

①若蜂鸣器一直发声，则说明电解电容器内部短路。②电容器的容量越大，蜂鸣器发声的时间越长。当然，如果电容值低于几个微法，就听不到蜂鸣器的响声了。③如果被测电容已经充好电，测量时也听不到响声。

第二节　电感器和变压器

电感器（电感线圈）和变压器是利用电磁感应的“自感”和“互感”原理制作而成的电磁感应元件，是电子电路中常用的元器件之一。“电感”是“自感”和“互感”的总称，载流线圈的电流变化在线圈自身中引起感应电动势的现象称为自感；载流线圈的电流变化在邻近的另一线圈中引起感应电动势的现象称为互感。

一、电感器

电感器是一种能够把电能转化为磁能并存储起来的元器件，它的主要功能是阻止电流的变化。当电流从小到大变化时，电感阻止电流的增大；当电流从大到小变化时，电感阻止电流的减小。电感器常与电容器配合在一起工作，在电路中主要用于滤波（阻止交流干扰）、振荡（与电容器组成谐振电路）、波形变换等。

电感器是电子电路中最常用的电子元件之一，用字母“L”表示。

电感器的单位为 H（亨利，简称亨），常用的还有 mH（毫亨）、μH（微亨）、nH（纳亨）、pH（皮亨）。它们之间的换算关系为：$1H = 10^3mH = 10^6\mu H = 10^9nH = 10^{12}pH$。

（一）电感器的主要参数

1. 电感量

电感量的大小与线圈的匝数、直径、绕制方式、内部是否有磁芯及磁芯材料等因素有关。匝数越多，电感量就越大。线圈内装有磁芯或铁芯，也可以增大电感量。一般磁芯用于高频场合，铁芯用在低频场合。线圈中装有铜芯，则会使电感量减小。

2. 品质因数

品质因数反映了电感线圈质量的高低，通常称为 Q 值。若线圈的损耗较小，Q 值就较高；反之，若线圈的损耗较大，则 Q 值较低。线圈的 Q 值与构成线圈导线的粗细、绕制方式以及所用导线是多股线、单股线还是裸导线等因素有关。通常，线圈的 Q 值越大越

好。实际上，Q 值一般在几十至几百之间。在实际应用中，用于振荡电路或选频电路的线圈，要求 Q 值高，这样的线圈损耗小，可提高振荡幅度和选频能力；用于耦合的线圈，其 Q 值可低一些。

3. 分布电容

线圈的匝与匝之间以及绕组与屏蔽罩或地之间，不可避免地存在着分布电容。这些电容是一个成形电感线圈所固有的，因而也称为固有电容。固有电容的存在往往会降低电感器的稳定性，也降低了线圈的品质因数。

一般要求电感线圈的分布电容尽可能小。采用蜂房式绕法或线圈分段间绕的方法可有效地减小固有电容。

4. 允许误差

允许偏差（误差）是指线圈的标称值与实际电感量的允许误差值，也称为电感量的精度，对它的要求视用途而定。一般对用于振荡或滤波等电路中的电感线圈要求较高，允许偏差为±0.2%～±0.5%；而用于耦合、高频阻流的电感线圈则要求不高，允许偏差为±10%～±15%。

5. 额定电流

额定电流是指电感线圈在正常工作时所允许通过的最大电流。若工作电流超过该额定电流值，线圈会因过流而发热，其参数也会发生改变，严重时会被烧断。

（二）电感器的标注方法

1. 直标法

电感器的直标法是将电感器的标称电感量用数字和文字符号直接标在电感器外壁上的标志方法。采用直标法的电感器将标称电感量用数字直接标注在电感器的外壳上，同时用字母表示额定工作电流，再用Ⅰ、Ⅱ、Ⅲ表示允许偏差参数。固定电感器除应直接标出电感量外，还应标出允许偏差和额定电流参数。

2. 文字符号法

文字符号法是将电感器的标称值和允许偏差值用数字和文字符号按一定的规律组合标注在电感体上的标志方法。采用这种标注方法的通常是一些小功率的电感器，其单位通常为 nH 或 pH，用 N 或 P 代表小数点。采用这种标识法的电感器通常后缀一个英文字母表示允许偏差，各字母代表的允许偏差与直标法相同。

3. 色标法

色标法是指在电感器表面涂上不同的色环来代表电感量（与电阻器类似），通常用四色环表示，紧靠电感体一端的色环为第一环，露着电感体本色较多的另一端为末环。其第一色环是十位数，第二色环为个位数，第三色环为相应的倍率，第四色环为误差率，各种颜色所代表的数值不一样。

（三）电感器的分类

电感器按绕线结构分为单层线圈、多层线圈、蜂房式线圈等；按电感形式分为固定电感器、可调电感器等；按导磁体性质分为空芯线圈、铁氧体线圈、铁芯线圈、铜芯线圈等；按工作性质分为天线线圈、振荡线圈、扼流线圈、陷波线圈、偏转线圈等；按结构特点分为磁芯线圈、可变电感线圈、色码电感线圈、无磁芯线圈等。下面介绍按绕线结构分类的电感器：

1. 单层线圈

单层线圈的 Q 值一般都比较高，多用于高频电路中。单层线圈通常采用密绕法、间绕法和脱胎绕法。密绕法是用绝缘导线一圈挨一圈地绕在纸筒或胶木骨架上，如晶体管收音机中波的天线线圈；间绕法就是每圈和每圈之间有一定的距离，具有分布电容小、高频特性好的特点，多用于短波天线；脱胎绕法的线圈实际上就是空芯线圈，如高频的谐振电路。

2. 多层线圈

由于单层线圈的电感量较小，在电感值大于 300μH 的情况下，要采用多层线圈。多层线圈采用分段绕制，可以避免层与层之间的跳火、击穿绝缘的现象以及减小分布电容。

3. 蜂房式线圈

如果所绕制的线圈的平面不与旋转面平行，而是与之相交成一定的角度，这种线圈称为蜂房式线圈。蜂房式线圈都是利用蜂房绕线机来绕制的。这种线圈的优点是体积小、分布电容小、电感量大，多用于收音机的中波段振荡电路和高频电路。

（四）电感器的检测

电感器的测量主要分为电感量的测量和电感器的好坏判断。

1. 电感量的测量

电感量的测量可用带有电感量测量功能的万用表进行。用万用表测量电感器的电感量简单方便，一般测量范围为 0～500mH，但其测量精度较低。如需要进行较为精确的电感量的测量时，则要使用专门的仪器（如使用高频表进行测量），具体测量方法请参阅测量仪器的使用说明书。

2. **电感器的好坏判断**

电感器是一个用连续导线绕制的线圈，所以电感器的好坏判断主要是判断线圈是否断路。对于断路的电感器，只要用万用表欧姆挡测量电感器的两引出端，当测量到电感器两引出端的电阻值为∞时，则可判断电感器断路。对于电感器短路的测量，则需要对其进行电感量的测量，当测量出被测电感器的电感量远远小于标称值时，则可判断电感器有局部短路。

二、变压器

变压器是利用电磁感应原理，从一个电路向另一个电路传递电能或传输信号的一种电器。变压器可将一种电压的交流电能变换为同频率的另一种电压的交流电能。

（一）变压器的结构及分类

变压器是由绕在同一铁芯上的两个线圈构成的，它的两个线圈一个称为一次侧绕组，另一个称为二次侧绕组。

1. **高频变压器**

高频变压器是指工作在高频的变压器，如各种脉冲变压器、收音机中的天线变压器、电视机中的天线阻抗变压器等。

2. **中频变压器**

中频变压器一般是指电视机、收音机中放电电路中使用的变压器等，其工作频率比高频低。

3. **低频变压器**

低频变压器有电源变压器、输入变压器、输出变压器、线间变压器、耦合变压器、自耦变压器等，其工作频率较低。

（二）变压器的型号命名

国产变压器的型号命名一般由 3 个部分组成。第一部分表示名称，用字母表示；第二部分表示变压器的额定功率，用数字表示，计量单位用 V · A 或 W 标注，但 BR 型变压器除外；第三部分为序号，用数字表示。例如，某电源变压器上标出 DB-50-2. DB 表示电源变压器，50 表示额定功率 50V · A，2 表示产品的序列号。变压器主称部分字母的意义如表 2-8 所示。

表 2-8　变压器主称部分字母的意义

字母	意义	字母	意义
CB	音频输出变压器	HB	灯丝变压器
DB	电源变压器	RB	音频输入变压器
GB	高压变压器	SB 或 EB	音频输送变压器

（三）变压器的主要参数

变压器的主要参数有电压比、效率和频率响应。

1. 电压比

对于一个没有损耗的变压器，从理论上来说，如果它的一、二次侧绕组的匝数分别为 N_1 和 N_2，若在一次侧绕组中加入一个交流电压 U_1，则在二次侧绕组中必会感应出电压 U_2，U_1 与 U_2 的比值称为变压器的电压比，用 n 表示，即：

$$n = \frac{U_1}{U_2} = \frac{N_1}{N_2}$$

变压比 $n < 1$ 的变压器主要用作升压；变压比 $n > 1$ 的变压器主要用作降压；变压比 $n = 1$ 的变压器主要用作隔离电压。

2. 效率

在额定功率时，变压器的输出功率 P_2 和输入功率 P_1 的比值叫作变压器的效率，用 η 表示，即：

$$\eta = \frac{P_2}{P_1}$$

3. 频率响应

对于音频变压器，频率响应是它的一项重要指标。通常要求音频变压器对不同频率的音频信号电压都能按一定的变压比做不失真的传输。实际上，音频变压器对音频信号的传输受到音频变压器一次侧绕组的电感和漏电感及分布电容的影响，一次侧电感越小，低频信号电压失真越大；而漏电感和分布电容越大，对高频信号电压的失真就越大。

（四）变压器的检测

1. 直观检测

直观检测就是检查变压器的外表有无异常情况，以此来判断变压器的好坏。直观检测主要检查变压器线圈外层绝缘是否有发黑或变焦的迹象，有无击穿或短路的故障，各线圈

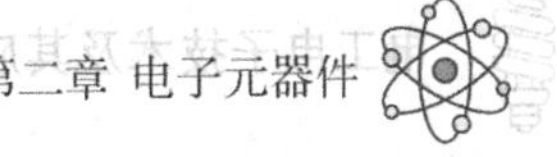

处线头有无断线的情况等，以便及时处理。

2. 绝缘检测

绝缘检测就是检查变压器绕组与铁芯之间、绕组与绕组之间的绝缘是否良好。变压器绝缘电阻的检查一般使用兆欧表进行，对各种不同的变压器要求的绝缘电阻也不同。对于工作电压很高的中、大型扩音机，广播等设备中的电源变压器，收音机、电视机上使用的变压器等，其绝缘电阻应大于1000MΩ；对电子管扩音机的输入和输出变压器、各种馈送变压器、用户变压器，其绝缘电阻应大于500MΩ；对于晶体三极管扩音机、收扩两用的输入和输出变压器，其绝缘电阻应大于100MΩ。

3. 线圈通断检测

线圈通断检测主要是检查变压器线圈的短路或断路故障，线圈的通断检查一般使用万用表欧姆挡进行。当测量到变压器线圈中的电阻值小于正常值的5%以上时，则可判断变压器线圈有短路故障；当测量到变压器线圈的电阻值大于5%以上或为∞时，则可判断变压器线圈接触不良或有断路故障。

4. 通电检测

通电检测就是在变压器的一次侧绕组中通入一定的交流电压，用以检查变压器的质量。合格的变压器一般在进行通电检测时，线圈无发热现象、无铁芯振动声等。如发现在通电检测中电源熔丝被烧断，则说明变压器有严重的短路故障；如变压器通电后发出较大的嗡嗡声，并且温度上升很快，则说明变压器绕组存在短路故障，此时需要对变压器进行修理。

第三节　二极管和三极管

一、二极管

半导体是一种具有特殊性质的物质，它不像导体那样能够完全导电，又不像绝缘体那样不能导电，它介于两者之间，所以称为半导体。半导体中最重要的两种元素是硅和锗。

晶体二极管简称二极管，也称为半导体二极管，它具有单向导电的性能，也就是在正向电压的作用下，其导通电阻很小；而在反向电压的作用下，其导通电阻极大或无穷大。无论是什么型号的二极管，都有一个正向导通电压，低于这个电压时二极管就不能导通，硅管的正向导通电压为0.6~0.7V，锗管的正向导通电压为0.2~0.3V。其中，0.7V（硅管）和0.3V（锗管）是二极管的最大正向导通电压，即到此电压时无论电压再怎么升高（不能高于二极管的额定耐压值），加在二极管上的正向导通电压也不会再升高了。正因为二极管具有上述特性，通常把它用在整流、隔离、稳压、极性保护、编码控制、调频调制和静噪等电路中。它在电路中用符号“VD”或“D”表示。

二极管的识别很简单，小功率二极管的N极（负极）在二极管外表大多采用一种色标（圈）表示出来，有些二极管也用二极管的专用符号来表示P极（正极）或N极（负极），也有采用符号标志“P”“N”来确定二极管极性的。发光二极管的正负极可通过引脚长短来识别，长脚为正，短脚为负。大功率二极管多采用金属封装，其负极用螺帽固定在散热器的一端。

（一）二极管的分类和型号命名

1. 二极管的分类

①按二极管的制作材料可分为硅二极管、锗二极管和砷化镓二极管三大类，其中前两种应用最为广泛，它们主要包括检波二极管、整流二极管、高频整流二极管、整流堆、整流桥、变容二极管、开关二极管、稳压二极管。②按二极管的结构和制造工艺可分为点接触型和面接触型二极管。③按二极管的作用和功能可分为整流二极管、降压二极管、稳压二极管、开关二极管、检波二极管、变容二极管、阶跃二极管、隧道二极管等。

2. 二极管的型号命名

国标规定半导体器件的型号由5个部分组成，各部分的含义如表2-10所示。第一部分用数字“2”表示主称为二极管；第二部分用字母表示二极管的材料与极性；第三部分用字母表示二极管的类别；第四部分用数字表示序号；第五部分用字母表示二极管的规格号。

表 2-10　半导体器件的型号命名及含义

第一部分：主称		第二部分：材料与极性		第三部分：类别		第四部分：序号	第五部分：规格号
数字	含义	字母	含义	字母	含义		
2	二极管	A	N型锗材料	P	小信号管（普通管）	用数字表示同一类产品的序号	用数字表示同一类产品的序号
				W	电压调整管和电压基准管（稳压管）		
				L	整流堆		
		B	P型锗材料	N	阻尼管		
				Z	整流管		
				U	光电管		
		C	N型硅材料	K	开关管		
				D或C	变容管		
				V	混频检波管		
		D	P型硅材料	JD	激光管		
				S	隧道管		
				CM	磁敏管		
		E	化合物材料	H	恒流管		
				Y	体效应管		
				EF	发光二极管		

（二）常用二极管

常用二极管有整流二极管、稳压二极管、检波二极管、开关二极管和发光二极管等。

1. 整流二极管

整流二极管的性能比较稳定，但因其PN结电容较大，不宜在高频电路中工作，所以不能作为检波管使用。整流二极管是面接触型结构，多采用硅材料制成。整流二极管有金属封装和塑料封装两种。整流二极管2CZ52C的主要参数为最大整流电流100mA、最高反向工作电压100V、正向压降≤1V。

2. 稳压二极管

稳压二极管也称为齐纳二极管或反向击穿二极管，在电路中起稳压作用。它是利用二极管被反向击穿后，在一定反向电流范围内，其反向电压不随反向电流变化这一特点进行稳压的。稳压二极管的正向特性与普通二极管相似，但其反向特性与普通二极管有所不同。当其反向电压小于击穿电压时，反向电流很小；当反向电压临近击穿电压时，反向电流急剧增大，并发生电击穿。此时，即使电流再继续增大，管子两端的电压也基本保持不变，从而起到稳压作用。但二极管击穿后的电流不能无限制地增大，否则二极管将被烧毁，所以稳压二极管在使用时一定要串联一个限流电阻。

3. 检波二极管

检波（也称解调）二极管的作用是利用其单向导电性将高频或中频无线电信号中的低频信号或音频信号分检出来，其广泛应用于半导体收音机、收录机、电视机及通信等设备的小信号电路中，具有较高的检波效率和良好的频率特性。

4. 开关二极管

开关二极管是利用二极管的单向导电性在电路中对电流进行控制的，它具有开关速度快、体积小、寿命长、可靠性高等特点。开关二极管是利用其在正向偏压时电阻很小，反向偏压时电阻很大的单向导电性，在电路中对电流进行控制，起到接通或关断开关的作用。开关二极管的反向恢复时间很小，主要用于开关、脉冲、超高频电路和逻辑控制电路中。

5. 发光二极管

发光二极管（LED）是一种能将电信号转变为光信号的二极管。当有正向电流流过时，发光二极管发出一定波长范围内的光，目前的发光管能发出从红外光到可见范围内的光。发光二极管主要用于指示，并可组成数字或符号的 LED 数码管。为保证发光二极管的正向工作电流的大小，使用时要给它串入适当阻值的限流保护电阻。

（三）二极管的主要参数

1. 最大整流电流

最大整流电流是指在长期使用时，二极管能通过的最大正向平均电流值，用 I_{FM} 表示，通过二极管的电流不能超过最大整流电流值，否则会烧坏二极管。锗管的最大整流电流一般在几十毫安以下，硅管的最大整流电流可达数百安。

2. 最大反向电流

最大反向电流是指二极管的两端加上最高反向电压时的反向电流值，用上表示。反向

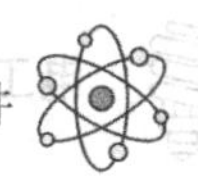

电流越大，则二极管的单向导电性能越差，这样的管子容易烧坏，其整流效率也较低。硅管的反向电流约在1μA以下，大的有几十微安，大功率管子的反向电流也有高达几十毫安的。锗管的反向电流比硅管的大得多，一般可达几百微安。

3. 最高反向工作电压（峰值）

最高反向工作电压是指二极管在使用中所允许施加的最大反向电压，它一般为反向击穿电压的1/2~2/3，用 U_{RM} 表示。锗管的最高反向工作电压一般为数十伏以下，而硅管的最高反向工作电压可达数百伏。

（四）二极管的检测

1. 极性的判别

将数字万用表置于二极管挡，红表笔插入“V/Ω”插孔，黑表笔插入“COM”插孔，这时红表笔接表内电源正极，黑表笔接表内电源负极。将两只表笔分别接触二极管的两个电极，如果显示溢出符号“1”，说明二极管处于截止状态；如果显示1V以下，说明二极管处于正向导通状态，此时与红表笔相接的是管子的正极，与黑表笔相接的是管子的负极。

2. 好坏的测量

量程开关和表笔插法同上，当红表笔接二极管的正极，黑表笔接二极管的负极时，显示值在1V以下；当黑表笔接二极管的正极，红表笔接二极管的负极时，显示溢出符号“1”，则表示被测二极管正常。若两次测量均显示溢出，则表示二极管内部断路。若两次测量均显示“000”，则表示二极管已被击穿，短路。

3. 硅管与锗管的测量

量程开关和表笔插法同上，红表笔接被测二极管的正极，黑表笔接负极，若显示电压在0.4~0.7V，则说明被测管为硅管。若显示电压在0.1~0.3V，则说明被测管为锗管。用数字式万用表测二极管时，不宜用电阻挡测量，因为数字式万用表电阻挡所提供的测量电流太大，而二极管是非线性元件，其正、反向电阻与测试电流的大小有关，所以用数字式万用表测出来的电阻值与正常值相差极大。

二、三极管

三极管是电流放大器件，可以把微弱的电信号转变成一定强度的信号，因此在电路中被广泛应用。半导体三极管也称为晶体三极管，是电子电路中最重要的器件之一。其具有三个电动机，主要起电流放大作用，此外三极管还具有振荡或开关等作用。

三极管是由两个PN结组成的，其中一个PN结称为发射结，另一个称为集电结。两个结之间的一薄层半导体材料称为基区。接在发射结一端和集电结一端的两个电极分别称为发射极和集电极。接在基区上的电极称为基极。在应用时，发射结处于正向偏置，集电极处于反向偏置。通过发射结的电流使大量的少数载流子注入基区里，这些少数载流子靠扩散迁移到集电结而形成集电极电流，只有极少量的少数载流子在基区内复合而形成基极电流。集电极电流与基极电流之比称为共发射极电流放大系数。在共发射极电路中，微小的基极电流变化可以控制很大的集电极电流变化。

（一）三极管的分类和型号命名

1. 三极管的分类

①按半导体材料和极性可分为硅材料三极管和储材料三极管。②按三极管的极性可分为锗NPN型三极管、锗PNP三极管、硅NPN型三极管和硅PNP型三极管。③按三极管的结构及制造工艺可分为扩散型三极管、合金型三极管和平面型三极管。④按三极管的电流容量可分为小功率三极管、中功率三极管和大功率三极管。⑤按三极管的工作频率分为低频三极管、高频三极管和超高频三极管等。⑥按三极管的封装结构可分为金属封装（简称金封）三极管、塑料封装（简称塑封）三极管、玻璃壳封装（简称玻封）三极管、表面封装（片状）三极管和陶瓷封装三极管等。⑦按三极管的功能和用途可分为低噪声放大三极管、中高频放大三极管、低频放大三极管、开关三极管、达林顿三极管、高反压三极管、带阻尼三极管、微波三极管、光敏三极管和磁敏三极管等多种类型。

2. 三极管的型号命名

国产三极管的型号命名由5个部分组成，第一部分用数字“3”表示主称，第二部分用字母表示三极管的材料与极性，第三部分用字母表示三极管的类别，第四部分用数字表示同一类产品的序号，第五部分用字母表示三极管的规格号。

（二）三极管的主要参数

三极管的参数很多，大致可分为三类，即直流参数、交流参数和极限参数。

1. 直流参数

(1) 共发射极电流放大倍数 h_{FE}

共发射极电流放大倍数是指集电极电流 I_C 与基极电流 I_B 之比，即：

$$h_{FE} = \frac{I_C}{I_B}$$

（2）集电极-发射极反向饱和电流 I_{CEO}

集电极-发射极反向饱和电流是指基极开路时，集电极与发射极之间加上规定的反向电压时的集电极电流，又称穿透电流。它是衡量三极管热稳定性的一个重要参数，其值越小，则三极管的热稳定性越好。

（3）集电极-基极反向饱和电流 I_{CEO}

集电极-基极反向饱和电流是指发射极开路时，集电极与基极之间加上规定的电压时的集电极电流。良好三极管的 I_{CEO} 应该很小。

2. 交流参数

（1）共发射极交流电流放大系数 β

共发射极交流电流放大系数是指在共发射极电路中，集电极电流变化量与基极电流变化量之比，即：

$$\beta = \frac{\Delta i_c}{\Delta i_b}$$

（2）共发射极截止频率 f_β

共发射极截止频率是指电流放大系数因频率增加而下降至低频放大系数的 0.707 时的频率，即 β 值下降了 3dB 时的频率。

（3）特征频率 f_T

特征频率是指 β 因频率升高而下降至 1 时的频率。

3. 极限参数

（1）集电极最大允许电流 I_{CM}

集电极最大允许电流是指三极管参数变化不超过规定值时，集电极允许通过的最大电流。当三极管的实际工作电流大于 I_{CM} 时，管子的性能将显著变差。

（2）集电极-发射极反向击穿电压 $I_{(BR)CEO}$

集电极-发射极反向击穿电压是指基极开路时，集电极与发射极间的反向击穿电压。

（3）集电极最大允许功率损耗 P_{CM}

集电极最大允许功率损耗是指集电结允许功耗的最大值，其大小取决于集电结的最高结温。

（三）三极管的识别与检测

1. 三极管基极（B 极）及类型的判别

将数字万用表置于二极管挡（蜂鸣挡），将红表笔接触一个引脚，黑表笔分别接触另外两个引脚，若在两次测量中显示值都小，则红表笔接触的是 B 极，且该管为 NPN 型；对于 PNP 型，应将红、黑表笔对换，两次测量中显示值均小，则黑表笔接触的是 B 极。

2. 判定集电极（C 极）和发射极（E 极）

将数字万用表置于“h_{FE}”挡，测量两极之间的放大倍数，并比较两次 h_{FE} 值，取其中读数较大一次的插入法。三极管的电极符合万用表上的排列顺序，同时也能测出三极管的电流放大倍数。

第四节　集成电路

一、集成电路的分类和型号命名

集成电路（IC），它是将一个或多个单元电路的主要元器件或全部元器件都集成在一个单晶硅片上，且封装在特别的外壳中，并具备一定功能的完整电路。集成电路的体积小、耗电低、稳定性好，从某种意义上讲，集成电路是衡量一个电子产品是否先进的主要标志。

（一）集成电路的分类

1. 按功能、结构分类

集成电路按其功能、结构不同可分为模拟集成电路和数字集成电路两大类。

2. 按制作工艺分类

集成电路按制作工艺不同可分为薄膜电路、厚膜电路和混合电路。薄膜电路是用 1μm 厚的材料制成器件及元件。厚膜电路以厚膜形式制成阻容、导线等，再粘贴有源器件；混合电路用平面工艺制成器件，以薄膜工艺制作元件。

3. 按集成度高低分类

集成电路按集成度高低的不同可分为小规模集成电路（一般少于 100 个元件或少于 10

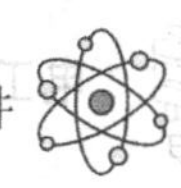

个门电路)、中规模集成电路（一般含有 100~1000 个元件或 10~100 个门电路)、大规模集成电路（一般含有 1000~10 000 个元件或 100 个门电路以上）和超大规模集成电路（一般含有 10 万个元件或 10 000 个门电路以上)。

4. 按导电类型不同分类

集成电路按导电类型可分为双极型集成电路和单极型集成电路。双极型集成电路的制作工艺复杂，功耗较大，其中具有代表性的集成电路有 TTL、ECL、HTL、LST-TL、STTL 等类型。单极型集成电路的制作工艺简单，功耗也较低，易于制成大规模集成电路，其中具有代表性的集成电路有 CMOS、NMOS、PMOS 等类型。

5. 按用途分类

集成电路按用途可分为电视机用集成电路、音响用集成电路、影碟机用集成电路、录像机用集成电路、计算机（微机）用集成电路、电子琴用集成电路、通信用集成电路、照相机用集成电路、遥控集成电路、语言集成电路、报警器用集成电路及各种专用集成电路等。

（二）集成电路的型号命名

集成电路的型号命名由 5 个部分组成，第一部分用字母“C”表示该集成电路为中国制造，符合国家标准；第二部分用字母表示集成电路的类型；第三部分用数字或数字与字母混合表示集成电路的系列和代号；第四部分用字母表示电路的工作温度范围；第五部分用字母表示集成电路的封装形式。

二、集成电路的主要参数

（一）静态工作电流

静态工作电流是指在不给集成电路加载输入信号的条件下，电源引脚回路中的电流值。静态工作电流通常标出典型值、最小值、最大值。当测量集成电路的静态电流时，如果测量结果大于或小于它的最大值或最小值时，会造成集成电路损坏或发生故障。

（二）增益

增益是体现集成电路放大器放大能力的一项指标，通常标出闭环增益，它又分为典型值、最小值、最大值等指标。

（三）最大输出功率

最大输出功率主要用于有功率输出要求的集成电路。它是指信号失真度为一定值时（10%）集成电路输出引脚所输出的信号功率，通常标出典型值、最小值、最大值三项指标。

（四）电源电压值

电源电压值是指可以加在集成电路电源引脚与地端引脚之间的直流工作电压的极限值，使用时不能超过这个极限值，如直流电压±5V、±12V 等。

第三章　正弦交流电路及应用

第一节　正弦交流电路的基本概念

一、正弦量的三要素

以正弦电流为例，其波形图如图 3-1 所示。对于给定的参考方向，正弦量的一般解析函数式为：

$$i(t) = I_{\mathrm{m}}\sin(\omega t + \varphi)$$

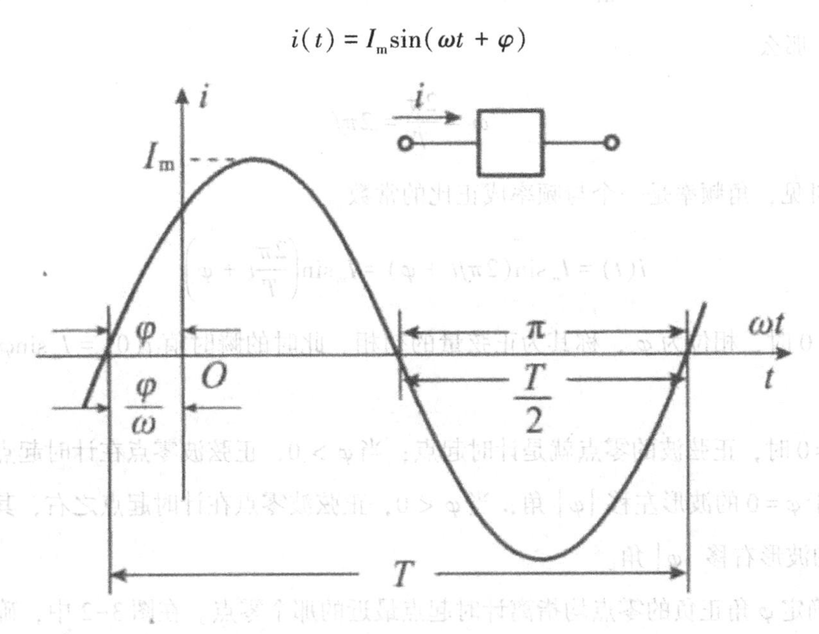

图 3-1　正弦量的波形图

（一）瞬时值和振幅值

交流量任一时刻的值称瞬时值，用小写字母来表示，如 i、u 分别表示电流、电压的瞬时值。瞬时值中的最大值（指绝对值）称为正弦量的振幅值，又称峰值。I_m、U_m 分别表示正弦电流、电压的振幅值。

（二）周期和频率

正弦量变化一周所需的时间称为周期。通常用“T”表示，单位为秒（s）。实用单位有毫秒（ms）、微秒（μs）和纳秒（ns）。正弦量每秒变化的周数称为频率，用“f”表示，单位为赫兹（Hz）。周期和频率互成倒数，即：

$$f = \frac{1}{T}$$

（三）相位、角频率和初相位

正弦量解析式中的 $\omega t + \varphi$ 称为相位角或电工角，简称相位或相角，它反映出正弦量变化的进程。正弦量在不同的瞬间，有着不同的相位，因而有着不同的状态（包括瞬时值和变化趋势）。相位的单位一般为弧度（rad）。

相位角变化的速度 $\frac{d(\omega t + \varphi)}{dt} = \omega$ 称为角频率，其单位 rad/s 。相位变化 2π，经历一个周期 T，那么

$$\omega = \frac{2\pi}{T} = 2\pi f$$

由式可见，角频率是一个与频率成正比的常数。

$$i(t) = I_m \sin(2\pi f t + \varphi) = I_m \sin\left(\frac{2\pi}{T}t + \varphi\right)$$

当 $t = 0$ 时，相位为 φ ，称其为正弦量的初相。此时的瞬时值 $i(0) = I_m \sin\varphi$ ，称为初始值。

当 $\varphi = 0$ 时，正弦波的零点就是计时起点；当 $\varphi > 0$，正弦波零点在计时起点之左，其波形相对于 $\varphi = 0$ 的波形左移 $|\varphi|$ 角；当 $\varphi < 0$，正弦波零点在计时起点之右，其波形相对于 $\varphi = 0$ 的波形右移 $|\varphi|$ 角。

以上确定 φ 角正负的零点均指离计时起点最近的那个零点。在图 3-2 中，确定 φ 角的零点是 A 点而不是 B 点，$\varphi = -90^\circ$ 而不是 270°。

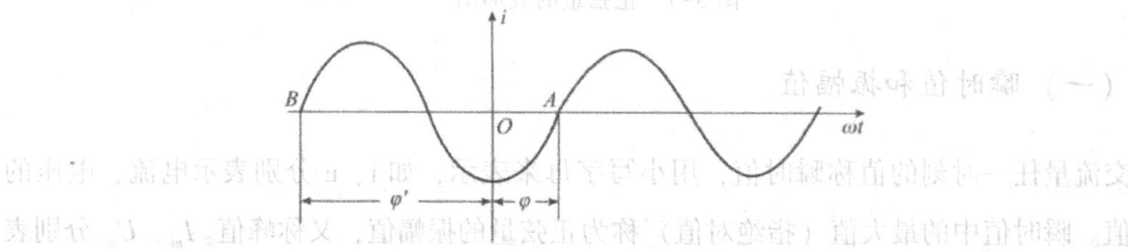

图 3-2　初相的规定

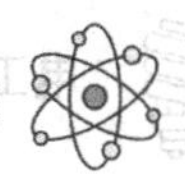

正弦交流电的最大值、频率和初相叫作正弦交流电的三要素。三要素描述了正弦交流电的大小、变化快慢和起始状态。

二、相位差

（一）相位差

设有任意两个相同频率的正弦电流，其表达式分别为：

$$i_1 = I_{m1}(\sin\omega t + \varphi_{i1})$$

$$i_2 = I_{m2}(\sin\omega t + \varphi_{i2})$$

其波形如图 3-3 所示。

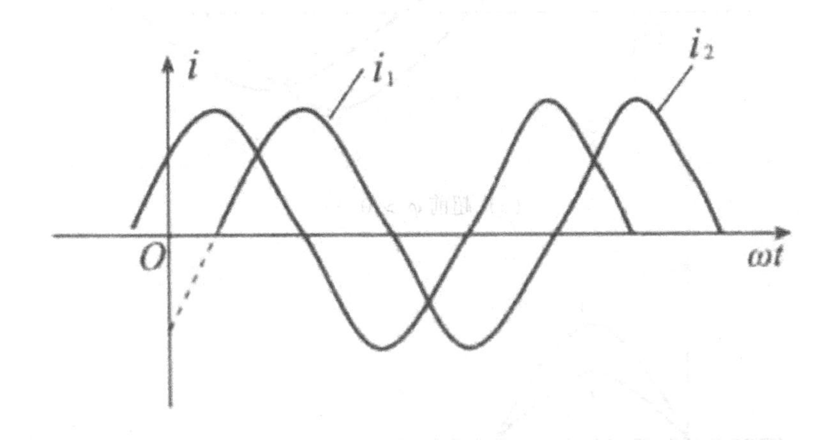

图 3-3　同频率的两个正弦量

它们之间相位之差称为相位差，用 φ 或 φ 带双下标表示为：

$$\varphi = (\omega t + \varphi_{i1}) - (\omega t + \varphi_{i2}) = \varphi_{i1} - \varphi_{i2}$$

对于

$$u(t) = U_m\sin(\omega t + \varphi_u)$$

$$i(t) = I_m\sin(\omega t + \varphi_i)$$

电压 u 与电流 i 的相位差

$$\varphi(\text{或 } \varphi_{ui}) = \varphi_u - \varphi_i$$

当两个同频率正弦量的计时起点改变时，它们之间的初相也随之改变，但二者的相位差却保持不变。通常 φ 的范围亦为 $(-\pi, +\pi)$。

（二）相位差的几种情况

相位差与计时起点无关，是一个定数。我们只讨论同频率正弦量的相位差，这一点要注意。

若 $\varphi>0$，称电流 $i_1(t)$ 超前 $i_2(t)$ 一个角度 φ 。若 $\varphi<0$，称电流 $i_1(t)$ 滞后 $i_2(t)$ 一个角度 φ ，如图 3-4（a）所示。

若 $\varphi=0$，即两个同频率正弦量的相位差为零，称 $i_1(t)$ 和 $i_2(t)$ 同相位，简称同相，如图 3-4（b）所示。

若 $\varphi=\pi/2$，则称 $i_1(t)$ 和 $i_2(t)$ 相位正交，如图 3-4（c）所示。

若 $\varphi=\pi$ ，则称 $i_1(t)$ 和 $i_2(t)$ 反相位，简称反相，如图 3-4（d）所示。

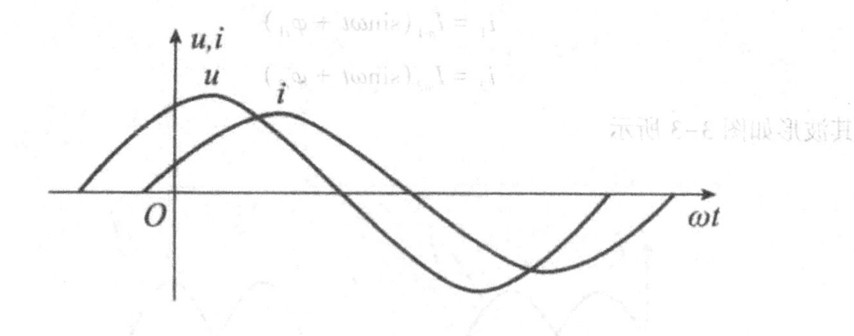

（a）超前 $\varphi>0$

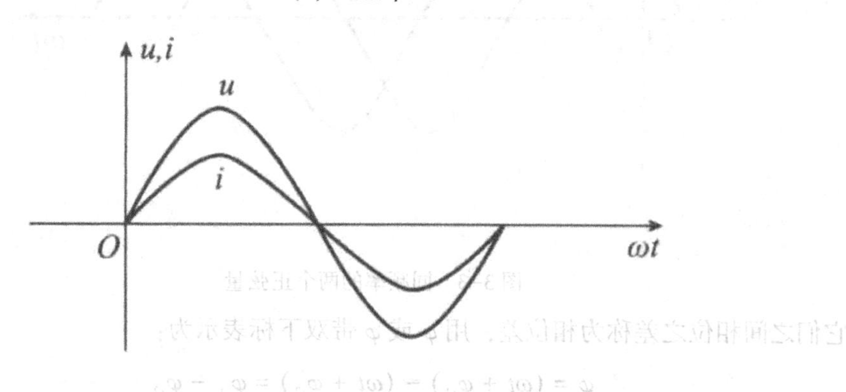

（b）同相 $\varphi=0$

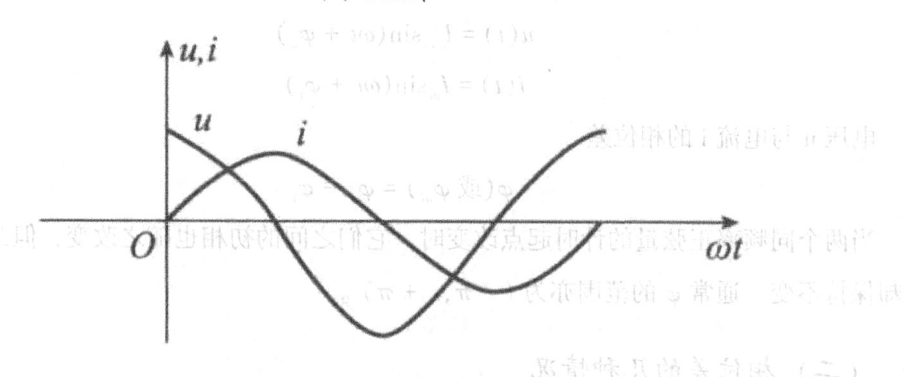

（c）正交 $\varphi=\pi/2$

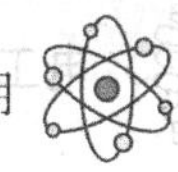

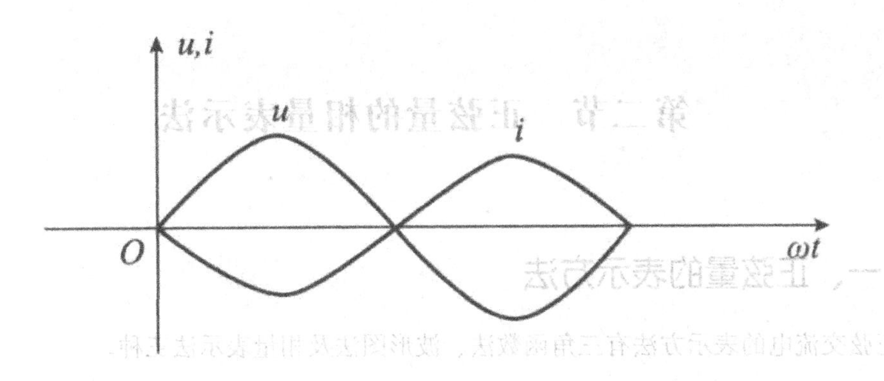

(d) 反相 $\varphi = \pi$

图 3-4

三、正弦量的有效值

交流电的有效值是根据它的热效应确定的。如某一交流电流和一直流电流分别通过同一电阻 R，在一个周期 T 内所产生的热量相等，那么这个直流电流 I 的数值叫作交流电流的有效值。

由此得出：

$$I^2RT = \int_0^T i^2(t)Rdt$$

所以，交流电流的有效值为：

$$I = \sqrt{\frac{1}{T}\int_0^T i^2(t)dt}$$

同理，交流电压的有效值为：

$$U = \sqrt{\frac{1}{T}\int_0^T u^2(t)dt}$$

对于正弦交流电流

$$i(t) = I_m\sin(\omega t + \varphi)$$

同理

$$U = \frac{U_m}{\sqrt{2}}$$

第二节　正弦量的相量表示法

一、正弦量的表示方法

正弦交流电的表示方法有三角函数法、波形图法及相量表示法三种。

三角函数法：用三角函数式来表示，如 $i = I_m \sin(\omega t + \varphi)$ ，这是正弦量的基本表示法。

波形图法：用正弦波形来表示，如图 3-5 所示。

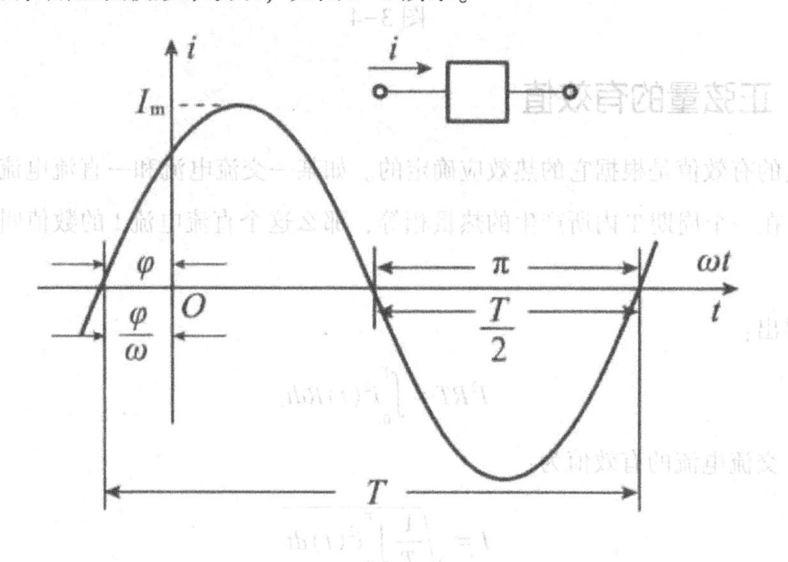

图 3-5　正弦量的波形图

相量表示法：用相量来表示，如 $\dot{U} = U\angle\varphi$ 。

二、正弦量用旋转有向线段表示

设有一正弦电压 $u = U_m \sin(\omega t + \varphi)$ ，其波形如图 3-6 右图所示，左图是直角坐标系中的一旋转有向线段，有向线段的长度代表正弦量的幅值 U_m ，它的初始位置与横轴正方向之间的夹角等于正弦量的初相位 φ ，并以正弦量的角频率 ω 做逆时针方向旋转。可见，这一旋转有向线段具有正弦量的三个特征，故可以用来表示正弦量。正弦量的某时刻的瞬时值就可以由这个旋转有向线段于该瞬时值在纵坐标轴上的投影表示出来。

三、正弦量的相量表示

$A = a + jb$

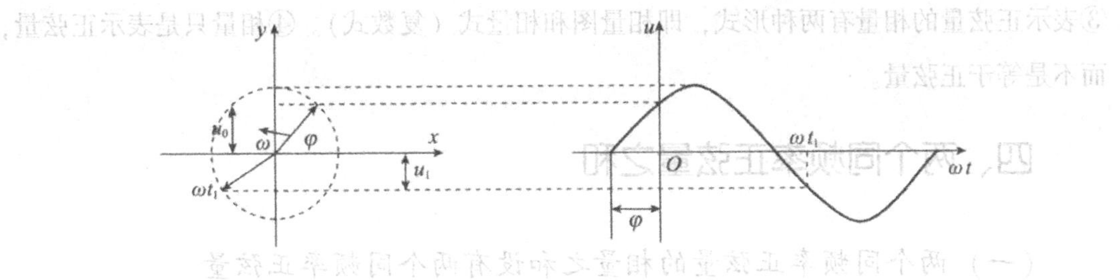

图 3-6 正弦量的相量图

式中

$a = r\cos\varphi$

$b = r\sin\varphi$

$$\begin{cases} r = \sqrt{a^2 + b^2} & \text{（复数的模）} \\ \varphi = \arctan\dfrac{b}{a} & \text{（复数的辐角）} \end{cases}$$

所以

$A = r\cos\varphi + jr\sin\varphi = r(\cos\varphi + j\sin\varphi)$

由欧拉公式

$\sin\varphi = \dfrac{e^{j\varphi} - e^{-j\varphi}}{2j}$

可得

$e^{j\varphi} = \cos\varphi + j\sin\varphi$

可写成

$A = re^{j\varphi}$

或简写为：

$A = r\angle\varphi$

以上可归结为：

$A = a + jb = r\cos\varphi + jr\sin\varphi = re^{j\varphi} = r\angle\varphi$

$A_1 = a_1 + jb_1 = r_1\angle\theta_1$

$A_2 = a_2 + jb_2 = r_2\angle\theta_2$

$A_1 \pm A_2 = (a_1 \pm a_2) + j(b_1 \pm b_2)$

$A \cdot B = r_1\angle\theta_1 \cdot r_2\angle\theta_2 = r_1 \cdot r_2\angle(\theta_1 + \theta_2)$

$\dfrac{A}{B} = \dfrac{r_1\angle\theta_1}{r_1\angle\theta_2} = \dfrac{r_1}{r_2}\angle(\theta_1 - \theta_2)$

注意：①相量是表示正弦量的复数。②只有同频率的正弦量才能画在同一相量图上。

③表示正弦量的相量有两种形式，即相量图和相量式（复数式）。④相量只是表示正弦量，而不是等于正弦量。

四、两个同频率正弦量之和

（一）两个同频率正弦量的相量之和设有两个同频率正弦量

$$u_1(t) = U_{1?\,m}\sin(\omega t + \varphi_1) = \sqrt{2}U_1\sin(\omega t + \varphi_1)$$

$$u_2(t) = U_{2?\,m}\sin(\omega t + \varphi_2) = \sqrt{2}U_2\sin(\omega t + \varphi_2)$$

利用三角函数，可以得出它们之和为同频率的正弦量，即：

$$u(t) = u_1(t) + u_2(t) = \sqrt{2}U\sin(\omega t + \varphi)$$

其中

$$U = \sqrt{(U_1\cos\varphi_1 + U_2\cos\varphi_2)^2 + (U_1\sin\varphi_1 + U_1\sin\varphi_2)^2}$$

$$\varphi = \arctan\frac{U_1\sin\varphi_1 + U_2\sin\varphi_2}{U_1\cos\varphi_1 + U_2\cos\varphi_2}$$

可以看出，要求同频率正弦量之和，关键是求出它的有效值和初相。

可以证明，若 $u = u_1 + u_2$，则有：

$$U = U_1 + U_2$$

（二）求相量和的步骤

①写出相应的相量，并表示为代数形式。②按复数运算法则进行相量相加，求出和的相量。③作相量图，按照矢量的运算法则求相量和。

第三节 电阻元件、电容元件和电感元件交流电路

一、电阻元件

$u = iR$

$W = \int_0^t ui?\ dt = \int_0^t Ri^2 dt \geq 0$

其符号如图 3–7 所示：

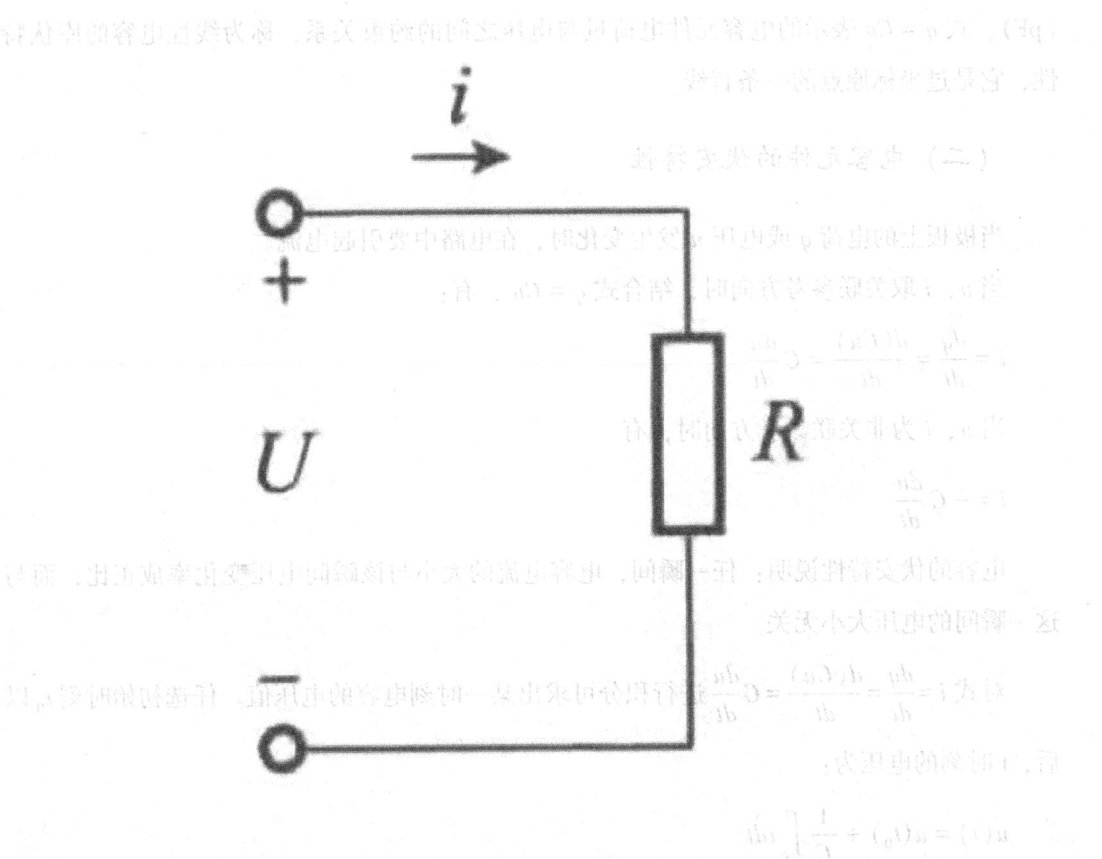

图 3–7 电阻元件

$R = \rho \frac{l}{S}$

式中 ρ 称为电阻率，它是一个表示对电流起阻碍作用的物理量。在国际单位制中，电阻率的单位为欧姆 · 米（Ω · m）。

二、电容元件

（一）电容元件

积聚的电荷愈多，所形成的电场就愈强，电容元件所储存的电场能也就愈大。电容元件是各种实际电容器的理想化模型。

电荷量与端电压的比值叫作电容元件的电容，理想电容器的电容为一常数，电荷量 q 总是与端电压 u 成线性关系，即：

$$q = Cu$$

国际单位制中电容的单位为法拉，简称法，符号为 F，常用单位有微法（μF）、皮法（pF）。式 $q = Cu$ 表示的电容元件电荷量与电压之间的约束关系，称为线性电容的库伏特性，它是过坐标原点的一条直线。

（二）电容元件的伏安特性

当极板上的电荷 q 或电压 u 发生变化时，在电路中要引起电流。

当 u，i 取关联参考方向时，结合式 $q = Cu$，有：

$$i = \frac{dq}{dt} = \frac{d(Cu)}{dt} = C\frac{du}{dt}$$

当 u，i 为非关联参考方向时，有

$$i = -C\frac{du}{dt}$$

电容的伏安特性说明：任一瞬间，电容电流的大小与该瞬间电压变化率成正比，而与这一瞬间的电压大小无关。

对式 $i = \frac{dq}{dt} = \frac{d(Cu)}{dt} = C\frac{du}{dt}$ 进行积分可求出某一时刻电容的电压值。任选初始时刻 t_0 以后，t 时刻的电压为：

$$u(t) = u(t_0) + \frac{1}{C}\int_{t_0}^{t} idt$$

若取 $t_0 = 0$，则

$$u(t) = u(0) + \frac{1}{C}\int_{0}^{t} idt$$

（三）电容元件的电场能

在关联参考方向下，电容吸收的功率为：

$$P = iu = Cu\frac{du}{dt}$$

当电容元件从 $u(0)=0$（电场能为零）增大到 $u(t)$ 时，总共吸收的能量，即 t 时刻电容的电场能量为：

$$W_C(t) = \int_0^t Pdt = \int_0^t Cudu = \frac{1}{2}Cu^2(t)$$

当电容电压由 u 减小到零时，释放的电场能量也按上式计算。

动态电路中，电容和外电路进行着电场能和其他能的相互转换，但电容本身不消耗能量。

（四）电容的串并联

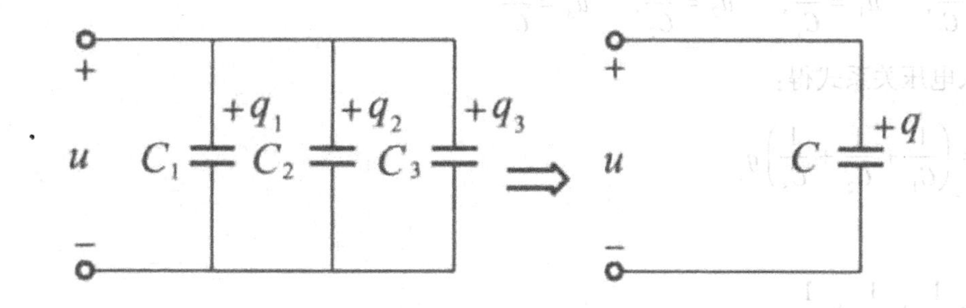

图 3-8 电容的并联

1. 电容的并联

$$q = q_1 + q_2 + q_3$$

对于线性电容元件有：

$$q = Cu，q_1 = Cu_1$$

$$q_2 = Cu_2，q_3 = Cu_3$$

代入电荷量关系式得：

$$Cu = (C_1 + C_2 + C_3)u$$

$$C = C_1 + C_2 + C_3$$

等效电容等于各并联电容之和，如式 $C = C_1 + C_2 + C_3$ 所示。当电容器的耐压值符合要求，但容量不够时，可将几个电容并联。

2. 电容的串联

如图 3-9 所示。

$$u = u_1 + u + u_3$$

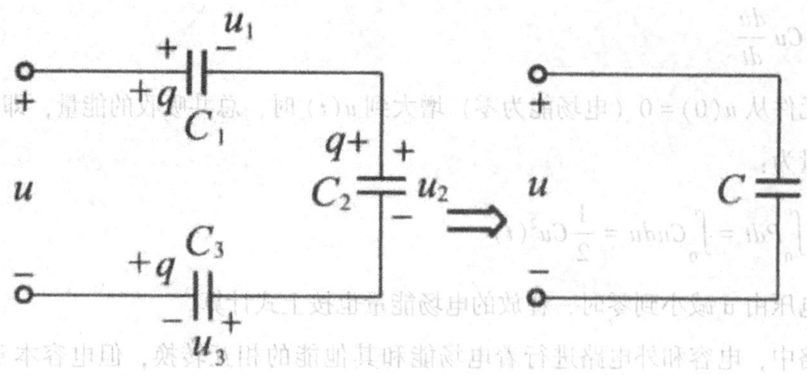

图 3-9　电容的串联

对于线性电容元件有：

$$u=\frac{q}{C},\quad u_1=\frac{q}{C_1},\quad u_2=\frac{q}{C_2},\quad u_3=\frac{q}{C_3}$$

代入电压关系式得：

$$\frac{q}{C}=\left(\frac{1}{C_1}+\frac{1}{C_2}+\frac{1}{C_3}\right)q$$

则

$$\frac{1}{C}=\frac{1}{C_1}+\frac{1}{C_2}+\frac{1}{C_3}$$

电容串联的等效电容的倒数等于各电容倒数之和。电容的串联使总电容值减少。每个电容的电压为：

$$u_1=\frac{C}{C_1}u,\quad u_2=\frac{C}{C_2}u,\quad u_3=\frac{C}{C_3}u$$

两个电容的分压值为：

$$u_1=\frac{C}{C_1}u=\frac{C_2}{C_1+C_2}u$$

$$u_3=\frac{C}{C_3}u=\frac{C_1}{C_1+C_2}u$$

当电容器的电容量足够而耐压值不够时，可将电容器串联使用，但对小电容分得的电压值大这一点应特别注意。

三、电感元件

电感元件是一种储能元件，电感元件的原始模型为导线绕成圆柱线圈。当线圈中通以电流 i 时，在线圈中就会产生磁通量 Φ，并储存能量。表征电感元件（简称电感）产生磁

通，存储磁场的能力的参数，也叫电感，用 L 表示，它在数值上等于单位电流产生的磁链。

（一）电感元件的伏安特性

根据电磁感应定律，感应电压等于磁链的变化率。当电压的参考极性与磁通的参考方向符合右手螺旋定则时，可得：

$$u=\frac{d\psi}{dt}$$

当电感元件中的电流和电压取关联参考方向时，有：

$$u=\frac{d\psi}{dt}=\frac{dLi}{dt}=L\frac{di}{dt}$$

当 u，i 为非关联参考方向时，有

$$u=-L\frac{di}{dt}$$

电感元件的伏安特性说明：任一瞬间，电感元件端电压的大小与该瞬间电流的变化率成正比，而与该瞬间的电流无关。电感元件也称为动态元件，它所在的电路称为动态电路。电感对直流起短路作用。

对式 $u=\frac{d\psi}{dt}=\frac{dLi}{dt}=L\frac{di}{dt}$ 进行积分可求出某一时刻电感的电流值。任选初始时刻 t_0 后，t 时刻的电流为：

$$i(t)=i(t_0)+\frac{1}{L}\int_{t_0}^{t}udt$$

（二）电感元件的磁场能

在关联参考方向下，电感吸收的功率

$$P=ui=Li\frac{di}{dt}$$

当电感电流从 $i(0)=0$ 增大到 $i(t)$ 时，总共吸收的能量，即 t 时刻电感的磁场能量

$$W_L(t)=\int_0^t Pdt=\int_0^t Lidi=\frac{1}{2}Li^2(t)$$

当电感的电流从某一值减小到零时，释放的磁场能量也可按上式计算。在动态电路中，电感元件和外电路进行着磁场能与其他能相互转换，但电感本身不消耗能量。

第四节 三种元件的交流电路

一、电阻元件

（一）伏安特性

设电流为：

$i(t)=\sqrt{2}I\sin(\omega t+\varphi_i)$

则有：

$u(t)=Ri=\sqrt{2}RI\sin(\omega t+\varphi_i)=\sqrt{2}U\sin(\omega t+\varphi_u)$

电阻两端电压 u 和电流 i 之间关系为：

$$\left.\begin{aligned}U&=RI\\ \varphi_i&=\varphi_u\end{aligned}\right\}$$

$\varphi_i=0$ 时电阻上电压相量和电流相量的关系为：

$$\frac{I}{\ }=\frac{U\angle\varphi_u}{I\angle\varphi_i}=R$$

$$\dot{U}=RI$$

（二）功率

1. 瞬时功率

关联参考方向下电阻元件吸收的瞬时功率 $p=ui$，为了计算方便，令 $\varphi_i=0$，则：

$$\begin{aligned}P&=\sqrt{2}U\sin\omega t\cdot\sqrt{2}I\sin\omega t\\&=2UI\sin^2\omega t\\&=UI(1-\cos2\omega t)>0\end{aligned}$$

2. 平均功率

平均功率定义为瞬时功率 p 在一个周期 T 内的平均值，用大写字母 P 表示。即：

$$\begin{aligned}P&=\frac{1}{T}\int_0^T pdt=\frac{1}{T}\int_0^T uidt=\frac{1}{T}\int_0^T UI(1-\cos2\omega t)dt\\&=UI=I^2R=\frac{U^2}{R}\end{aligned}$$

二、电感元件

（一）伏安特性

设通过电感元件的电流为：

$$i(t)=\sqrt{2}I\sin(\omega t+\varphi_i)$$

则有

$$u(t)=L\frac{\mathrm{d}i}{\mathrm{d}t}=\sqrt{2}\omega LI\cos(\omega t+\varphi_i)$$

$$=\sqrt{2}\omega LI\sin\left(\omega t+\varphi_i+\frac{\pi}{2}\right)=\sqrt{2}U\sin(\omega t+\varphi_u)$$

上式表明：电感两端电压 u 和电流 i 是同频率的正弦量，电压超前电流 90°。用 XL 表示 ωL 后，电压和电流有效值的关系为：

$$U=X_LI(U_m=X_LI_m)$$

即：

$$\left.\begin{aligned}U&=X_LI\\ \varphi_u&=\varphi_i+90^\circ\end{aligned}\right\}$$

而式 $\left.\begin{aligned}U&=X_LI\\ \varphi_u&=\varphi_i+90^\circ\end{aligned}\right\}$ 中

$$X_L=\omega L=2\pi fL=\frac{U}{I}$$

称为感抗，单位为欧姆。

感抗的倒数

$$B=\frac{1}{X_L}=\frac{1}{\omega L}$$

称为感纳，单位为西门子（S）。

电感电流相量和电压相量的关系为：

$$\frac{I}{\quad}=\frac{U\angle\varphi_u}{I\angle\varphi_i}=jX_L$$

即：

$$\dot{U}=jX_L\dot{I}$$

（二）功率

1. 瞬时功率

在关联参考方向下，当 $\varphi_i = 0$ 时，电感吸收的瞬时功率为：

$$p = ui = \sqrt{2}U\sin\left(\omega t + \frac{\pi}{2}\right) \cdot \sqrt{2}I\sin\omega t$$

$$= 2UI\cos\omega t \cdot \sin\omega t = UI\sin2\omega t = I^2 X_L \sin2\omega t$$

由上式可见，p 是一个最大值为 UI 或 I^2X_L，并以 2ω 的角频率随时间而变化的交变量，如图 3-10 所示。在第一和第三个四分之一周期内，电流值在增大，即磁场在建立，电感线圈从电源取用电能，并转化为磁能而储存在线圈的磁场内；在第二和第四个四分之一周期内，电流值在减小，即磁场在消失，线圈放出原先储存的能量并转化为电能而归还给电源。这是一种可逆的能量转换过程。在这里，线圈从电源取用的能量一定等于它归还给电源的能量。

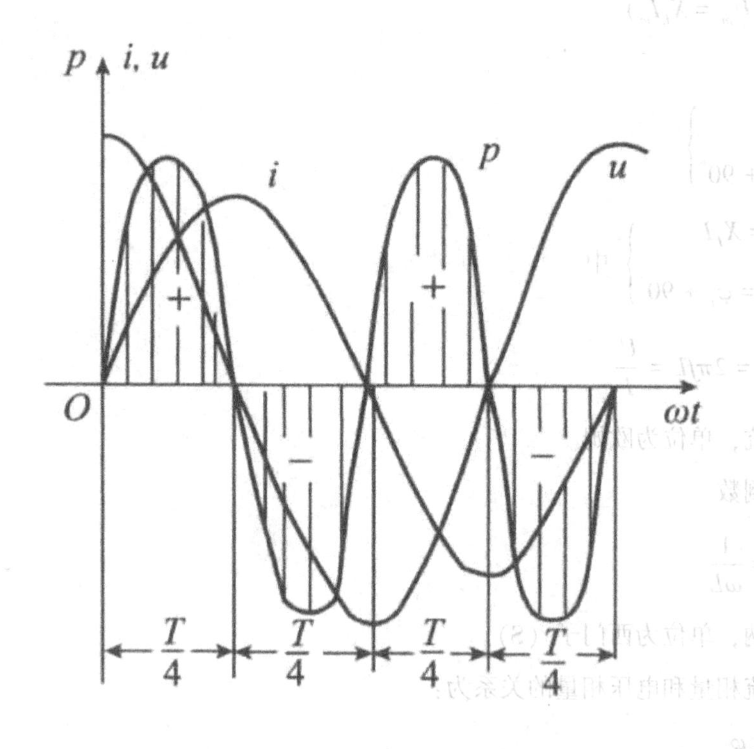

图 3-10　电感元件的 i、u、p 波形

电感储存磁场能量

$$W_L = \frac{1}{2}Li^2 = \frac{1}{2}LI_m^2\sin^2\omega t = \frac{1}{2}LI_m^2(1 - \cos^2\omega t)$$

磁场能量在最大值 $\frac{1}{2}LI_m^2$ 和零之间周期性地变化，总是大于零。

2. **平均功率**

$$P = \frac{1}{T}\int_0^T pdt = \frac{1}{T}\int_0^T uidt = \frac{1}{T}\int_0^T UI\sin 2\omega tdt = 0$$

即

$$Q_L = UI = I^2X_L = \frac{U^2}{X_L}$$

第五节 RLC 串联电路

一、电压与电流的关系

（一）电压三角形

显然，$\dot{U}_R$，$\dot{U}_X$，$\dot{U}$ 组成一个直角三角形，称为电压三角形，由电压三角形可得：

$$U = \sqrt{U_R^2 + (U_L - U_C)^2} = \sqrt{U_R^2 + U_X^2}$$

U 也可以写成相量形式，如式所示，即：

$$\dot{U} = \dot{U}_R + \dot{U}_x + \dot{U}_C = [R + \mathrm{j}(X_L - X_C)]\dot{I} = Z\dot{I}$$

（二）阻抗三角形

$$Z = R + j(X_L - X_C) = R + jX = |Z| \angle\varphi$$

其中 $X = X_L - X_C$ 称为电抗，$|Z|$ 和 φ 分别称为复阻抗的模和阻抗角，即：

$$\left.\begin{aligned} |Z| &= \sqrt{R^2 + X^2} \\ \varphi &= \arctan\frac{X}{R} \end{aligned}\right\}$$

$$\left.\begin{aligned} R &= |Z|\cos\varphi \\ X &= |Z|\sin\varphi \end{aligned}\right\}$$

显然 |Z|、R、X 也组成一个直角三角形，称为阻抗三角形，与电压及三角形相似。设端口电压电流的相量分别为：

$$\dot{U}=U\angle\varphi_u,\quad \dot{I}=I\angle\varphi_i$$

$$Z=\frac{\dot{I}}{\quad}=\frac{U\angle\varphi_u}{I\angle\varphi_i}=\frac{U}{I}\angle\varphi_u-\varphi_i=|Z|\angle\varphi$$

由上式得

$$\left.\begin{aligned}|Z|&=\frac{U}{I}\\ \varphi&=\varphi_n-\varphi_i\end{aligned}\right\}$$

二、电路的三种性质

RLC 串联电路有以下性质：

当 $\omega L>1/\omega C$ 时，$X>0$，$\varphi>0$，$U_L>U_c$。U_X 超前电流 90°，端口电压超前电流，电路呈感性。

当 $\omega L<1/\omega C$ 时，$X<0$，$\varphi<0$，$U_L<U_C$，U_x 滞后电流 90°，端口电压滞后电流，电路呈容性。

当 $\omega L=1/\omega C$ 时，$X=0$，$\varphi=0$，$U_L=U_C$，Z=R，端口电压与电流同相，电路呈阻性。这是一种特殊状态，称为谐振。

RL 串联电路、RC 串联电路、LC 串联电路、电阻元件、电感元件、电容元件都可以看成 RLC 串联电路的特例。R、L、C 的复阻抗 Z 分别为 R，jX_l，$-jX_C$，φ 分别为 0°、90°、-90°。

RL 串联：$\varphi=\arctan\frac{X_L}{X}$，$Z=R+jX_L=\sqrt{R^2+X_L^2}<\arctan\frac{X_L}{R}$

RC 串联：$\varphi=\arctan\frac{-X_C}{R}$，$Z=R-jX_C=\sqrt{R^2+X_C^2}<\arctan\frac{-X_C}{R}$

第六节　正弦交流电路中的功率

一、有功分量和无功分量

（一）电压的有功分量和无功分量

对于无源二端网络，定义关联参考方向下的复阻抗为：

$Z = R + jX$

则

$\dot{U} = Z\dot{I} = (R + jX)\dot{I} + jX\dot{I} = \dot{U}_a + \dot{U}_r$

与$\dot{I}$同相的$\dot{U}_a$叫作电压的有功分量，其模$U_a = U\cos\varphi$就是二端网络等效电阻R上的电压，它与电流的乘积$U_aI = UI\cos\varphi = P$就是网络吸收的有功功率，其模$U_r = U\sin\varphi$就是网络的等效电抗X上的电压，它与电流的乘积$U_rI = UI\sin\varphi$就是网络吸收的无功功率。

（二）电流的有功分量和无功分量

无源网络，还可定义出关联参考方向下的导纳为：

$Y = G + jB$

则

$\dot{I} = Y\dot{U} = (G + jB)\dot{U} = G\dot{U} + jB\dot{U} = \dot{I}_a + \dot{I}_r$

与$\dot{U}$同相的$\dot{I}$叫作电流的有功分量，它就是流经二端网络等效电导的电流，其模为$I_a = I\cos\varphi'$，它与电压的乘积$UI_a = UI\cos\varphi'$就是网络吸收的有功功率。它是流经网络等效导纳B的电流，其模与电压的乘积$UI_r = UI\sin\varphi' = Q$就是网络吸收的无功功率。

二、有功功率、无功功率及视在功率

二端网络端口电压、电流有效值分别为U，I，关联参考方向下相位差为φ时，吸收的有功功率，即：

$P = UI\cos\varphi$

吸收的无功功率，即交换能量的最大功率为：

$Q = UI\sin\varphi$

φ值有正有负，所以Q是可正可负的代数量。在电压、电流关联参考方向下，按式$Q = UI\sin\varphi$计算，感性的无源二端网络吸收的无功功率为正值，容性的无源二端网络吸收的无功功率为负值。正弦电路中的平均功率一般不等于电压、电流有效值之积，这个乘积表面上看起来虽然具有功率的形式，但它既不代表有功功率，也不代表无功功率，我们把它称为网络的视在功率，即：

$S = UI = \sqrt{P^2 + Q^2}$

S表示在电压U和电流I作用下，电源可能提供的最大功率。为了与平均功率相区别，它的单位不用瓦，而用伏安（V·A），常用的单位还有千伏安（kV·A）。P、Q、S可组成一个直角三角形，它与电压三角形相似，称其为功率三角形。

三、功率因数的提高

（一）功率因数的定义

式 $P = UI\cos\varphi$ 中决定有功功率大小的参数 $\cos\varphi$ 称为功率因数，用 λ 表示，即：

$$\lambda = \cos\varphi = \frac{P}{S}$$

功率因数的大小取决于电压与电流的相位差，故把 φ 角也称为功率因数角。

（二）功率因数的意义

功率因数是电力系统很重要的经济指标，它关系到电源设备能否充分利用。为提高电源设备的利用率，减小线路压降及功率损耗，应设法提高功率因数。

（三）提高功率因数的方法

提高感性负载功率因数的常用方法之一是在其两端并联电容器。感性负载并联电容器后，它们之间相互补偿，进行一部分能量交换，减少了电源和负载间的能量交换。

第四章　低压电气与电动机控制电路

第一节　常用低压电器

一、刀开关、倒顺开关、断路器、按钮、行程开关

低压开关在电路中主要是用来对电器进行隔离、转换、接通和分断，许多机床电器的电源开关和局部照明电路上要通过低压开关进行控制，有时用低压开关直接控制小容量电动机的启动、停止、正转和反转。

低压开关一般为手动低压电器，主要是通过手动或其他外力来实现接通、分断等操作，常用的低压开关主要有刀开关、组合开关和低压断路器。

（一）刀开关

刀开关又称为闸刀开关，是结构最简单、应用最广泛的一种手动低压电器，主要用作电源隔离，也可用来不频繁地接通和分断容量较小的低压配电线路。它主要由绝缘底板、静插座、手柄、触点和铰链支座等部分组成。由于切断电源时会产生电弧，因此安装刀开关时，应将手柄朝上，不得倒装或平装。倒装时手柄有可能因自动下滑而引起误合闸，造成人身安全事故。安装方向正确，可使作用在电弧上的电动力和热空气上升的方向一致，电弧被迅速拉长而熄灭；否则电弧不易熄灭，严重时会使触点及刀片烧伤，甚至造成极间短路。接线时应将电源线接在上端，负载接在熔丝下端，这样拉闸后刀片与电源隔离可防止意外事故发生。

刀开关的主要类型有大电流刀开关、负荷开关、熔断器式刀开关。常用的产品有：HD11～HD14 和 HS11～HS13 系列刀开关；HK1、HK2 系列开启式负荷开关；HH3、HH4 系列封闭式负荷开关；HR3、HR5 系列熔断器式刀开关。

开启式负荷开关又称为瓷底胶盖刀开关，生产中常用的是 HK 系列开启式负荷开关，适用于照明、电热设备及小容量电动机控制线路中。

HK系列开启式负荷开关由刀开关和熔断器组合而成，开关的瓷底座上有进线座、静触点、熔体、出线座和带瓷质手柄的刀式动触点，上面盖有胶盖以防止操作时触及带电体或分断时产生的电弧飞出伤人。在一般的照明电路和功率小于5.5kW的电动机控制线路中广泛采用HK刀开关。用于照明时，应选用HK的额定电流不小于电路所有负载额定电流之和的两极开关；用于控制电动机的直接启动和停止时，应选用额定电流不小于电动机额定电流3倍的三极开关。

封闭式负荷开关是在开启式负荷开关的基础上改进设计的一种开关，它的外壳为铸铁或用薄钢板冲压而成，因此又称为铁壳开关。HH3和HH4为常用的封闭式负荷开关，它主要由刀开关、熔断器、操作机构和外壳组成，它可直接控制15kW以下交流电动机的启动和停止，控制电动机时应选用额定电流不小于电动机额定电流3倍的开关。

熔断器式刀开关由RTO有填料熔断器和刀开关组合而成，具有熔断器和刀开关的基本性能。由于熔断器固定在带有弹簧钩子锁板的绝缘体上，在正常运行时，熔断器不脱扣，当线路发生故障时，熔断体熔断，更换熔断体即可，所以这种开关可作为导线及电气设备的过载和短路保护，以及用于电网正常馈电的情况下，不频繁地接通和分断电路。HR5可用于交流额定电压660V、额定电流630A左右。

（二）倒顺开关

倒顺开关为组合开关中的一种，它不但能像组合开关一样接通和分断电源，而且还能改变电源的输入相序，用来直接控制小容量电动机的正、反转，故它又称为可逆转换开关。

它的作用是连通、断开电源或负载，可以使电动机正转或反转，主要是给单相、三相电动机做正/反转用的电气元件，但不能作为自动化元件。

常见的倒顺开关按触点结构和排布可分为6触点的HY2型倒顺开关和9触点的K03型倒顺开关两种。

1. 三相电动机的倒顺开关控制

对于三相电动机，要实现电动机的正/反转，须通过调整输入电动机的三相交流电的相序实现。因此，三相倒顺开关就是通过改变输出端两根相线的位置，达到变换相序，从而控制电动机正/反转的目的。

2. 单相电动机的倒顺开关控制

单相电动机的正/反转是通过控制转子线圈的电压提前角控制电动机的正/反转，一般电动机线圈中都串有一个电容，通过改变电容在电动机线圈的串联位置，达到控制电动机正/反转的目的。

（三）断路器

低压断路器又称为自动空气开关或自动空气断路器，是种既有手动开关作用又能自动进行欠电压、失电压、过载和短路保护的开关电器。由于它具有可以操作、动作值可调、分断能力较强，以及动作后一般不需要更换零部件等优点，在正常条件下可用于不频繁地接通和断开电路及控制电动机的运行，因此它是低压配电网络和电力拖动系统中常用的电气设备。

1. 低压断路器的类别

低压断路器按结构形式分，主要有塑壳式（又称为装置式）、框架式（又称为万能式或开启式）、限流式、直流快速式等。

塑壳式断路器用绝缘塑料制成外壳，内装触点系统、灭弧室及脱扣器等，多采用手动操作，容量一般在630A（个别产品可达到1600A）以下，大容量可选择电动分合。它有较高的分断能力和动稳定性，有较完善的选择性保护功能，广泛用于配电网络的保护和电动机、照明电路及电热器等控制系统中。目前常用的有DZ15、DZ20、DZX19和C45N（目前已升级为C65N）等系列产品。其中C45N（C65N）断路器具有体积小、分断能力强、限流性能好、操作轻便、型号规格齐全以及可以方便地在单极结构基础上组合成二极、三极、四极断路器的优点，广泛使用在60A及以下的民用照明支干线及支路中（多用于住宅用户的进线开关及商场照明支路开关）。DZ20系列断路器适用于额定电压500V以下的交流和220V以下的直流、额定电流100~125A的电路中，作为配电、线路及电源设备的过载、短路和欠电压保护设备。

框架式断路器主要由触点系统、操作机构、过电流脱扣器、分励脱扣器、欠电压脱扣器、附件及框架等部分组成，全部组件进行绝缘后装于框架结构底座中，常为开启式，可装设多种附件，更换触点和部件较为方便，通常用在电源端做总开关，作为配电干线的主保护。目前我国常用的有DW15、ME、AE、AH等系列的框架式低压断路器。原则上额定电流630A以上要求采用框架断路器，因此框架断路器的额定电流一般为630~6300A。在分断能力上，框架式断路器要比塑壳式断路器高。

限流式断路器利用短路电流产生的巨大吸力使触点迅速断开，能在交流短路电流尚未达到峰值之前就把故障电路切断，可用于短路电流相当大的电路中，其主要型号有DWX15和DZX10两种系列。

直流快速式断路器具有快速电磁铁和强有力的灭弧装置，最快动作时间可在0.02s以内，可用于半导体整流元件和整流装置的保护，其主要型号有DS系列。

微型断路器是建筑电气终端配电装置中使用最广泛的一种终端保护电器，用于125A

以下的单相、两相、三相的短路、过载、过压等保护。

2. 断路器的选型

各个品牌不同系列的断路器，其选型有些细微的差别。表 4-1 所示为国产某品牌 DZ47 系列微型断路器的选型表，小型低压断路器实际选型时，主要考虑额定工作电压、极数、脱扣类型和额定电流几个参数。有时还需要选用带有附加辅助触点或者带有漏电保护器的断路器。

极数：断路器需要控制的线路数量。

表 4-1　国产某品牌低压断路器的选型表

产品名称 DZ47s	分断能力	极数	脱扣类型	额定电流		
	N：6kA	1：1P 2：2P 3：3P 4：4P 5：1P+N 6：3P+N	B：B 型 C：C 型 D：D 型	1：1A 2：2A 3：3A 4：4A 6：6A 8：8A	10：10A 13：13A 6：16A 20：20A 25：25A 32：32A	40：40A 50：50A 163：63A

脱扣类型：根据不同类型的负载，断路器的脱扣曲线是不同的，分为 B、C、D 几种，其中 B 型脱扣电流为（3~5）I_n（I_n 为脱扣器额定电流，指脱扣器允许长期通过的最大电流），适用于无感或微感电路，如保护电子类负载。C 型脱扣电流为（5~10）I_n，适合保护常规负载和配电线缆，如家用照明电路等。D 型脱扣电流为（10~20）I_n，适用于保护启动电流大的冲击性负荷（电动机、变压器等）。

额定电流：基于实际负载来选择。

（四）按钮

按钮是一种通过人体某一部分施加力而接通或分断的小电流电路的主令电器，其结构简单，应用广泛。

按钮开关的种类很多，按其结构形式可分为开启式、保护式、防水式、紧急式、旋转式、钥匙操作式、光标式按钮等。开启式按钮适用于嵌装在操作面板上；保护式按钮带保护外壳，可防止内部零件受机械损伤或人偶然触及带电部分；防水式按钮具有密封外壳，可防止雨水侵入；紧急式按钮可作为紧急切断电源用；旋转式按钮通过旋转旋钮的位置实现通断操作；钥匙操作式按钮是使用钥匙旋转才能实现接通或分断，为防止误操作而可供专人使用；光标式按钮内装有信号灯，兼做信号指示。

按钮内部由按钮、复位弹簧、触点和外壳等部分组成。按钮一般为复合式，即同时具有动合触点和动断触点。当没有按下按钮时，其动合触点是断开的，而动断触点与动触点接通为闭合状态；当按下按钮时，动触点与动断触点断开，然后动触点与动合触点接通形成闭合状态；当松开按钮时，在复位弹簧的作用下，动合触点断开，动断触点复位。

通常控制按钮的额定电压不超过380V，额定电流不超过8A，所以它只适用于小电流。

（五）行程开关

行程开关是根据生产机械发出命令，以控制机械运行方向或行程长度的主令电器。如果将行程开关装于生产机械行程的终点处，当其与生产机械的运动部件发生碰撞时，行程开关发出控制信号，实现对生产机械的电气控制，这样的行程开关又称为限位开关。

目前国内生产的行程开关有JW系列微动开关，LX系列动合触点、动断触点、复合触点和JLXK系列等。

行程开关按其结构可分为直动式、滚轮式、微动式三种。直动式行程开关的动作原理与按钮相同，其结构简单，使用方便，经济性强，但是触点分合速度取决于生产机械的移动速度，当生产机械的移动速度低于0.4m/min时，触点分断太慢，容易被电弧烧伤。滚动式行程开关内部采用了盘形弹簧机构，能在很短的时间内使触点断开，减少了电弧对触点的烧蚀，适用于低速运行机械。微动式行程开关具有瞬时动作和微小行程的灵敏开关，适用于控制行程较小且作用力也很小的机械。

二、熔断器

熔断器又称为保险器或保险丝，是低压配电网络和电力拖动中主要用作短路保护的电器。熔断器具有结构简单、使用方便、价格低廉等优点，但是它容易受到周围温度的影响，工作不稳定。使用时将其串联在被保护的电路中，当电路为正常电流时熔体温度较低，若电路发生严重过载或短路时，熔断器的熔体温度急剧上升，使熔体熔断而自动分断电路，从而起到保护作用。

熔断器在结构上主要由熔体、安装熔体的熔管和导电部件组成。熔体是熔断器的主要组成部分，通常制成丝状、片状或栅状，它既是感测元件又是执行元件。熔体的材料通常有以下两种：

①由铅、铅锡合金或锌等低熔点材料制成，多用于小电流电路。②由银、铜等较高熔点的金属制成，多用于大电流电路。

熔管是熔体的保护外壳，由陶瓷、绝缘钢板或玻璃纤维等耐热材料制成，在熔体熔断时兼有灭弧作用。熔断器熔体中的电流小于或等于熔体的额定电流时，熔体长期不熔断。

当电路发生严重过载时，熔体在较短的时间内熔断；当电路发生短路故障时，熔体在瞬间熔断。熔体的这个特性称为保护特性。由于熔体的保护特性与流过熔体的电流及熔体熔断时间有关系，因此又称其为“时间-电流特性”曲线或称“安秒特性”曲线。

当熔体采用低熔点的金属材料时，熔化时所需热量少，熔化系数小，有利于过载保护，但是其材料电阻率较大，熔体截面积大，不利于灭弧。如果采用高熔点的金属材料，熔化时所需热量大，熔化系数大，不利于过载保护，但是其材料电阻率较小，熔体截面积小，有利于灭弧。所以，对于小电流电路，可采用由铅、铅锡合金或锌等低熔点材料制成的熔体；对于大电流电路，应使用由银、铜等较高熔点金属材料制成的熔体。

额定电流是指长时间通过熔体而不熔断的电流值。熔断电流通常是额定电流的 2 倍。一般达到熔断电流时，熔体在 30~40s 后熔断，达到 9~10 倍额定电流时瞬间熔断。熔断器不宜做过载保护元件。

分断能力是指熔断器在规定的额定电压和功率因数的条件下，能分断的最大电流值。电路中最大电流值是指短路电流值。熔断电流是指通过熔体并使其熔化的最小电流。

（一）常用低压熔断器

熔断器的种类较多，根据使用电压的不同，可分为高压熔断器和低压熔断器。根据保护对象的不同，可分为保护变压器和一般电气设备的熔断器，保护电压互感器的熔断器，保护电力电容器的熔断器，保护半导体元件的熔断器，保护电动机的熔断器和保护家用电器的熔断器等；根据结构不同，可分为半封闭瓷插式、螺旋式、无填料密封管式和有填料密封管式熔断器。

RCIA 系列半封闭瓷插式熔断器结构简单，它由瓷座、瓷盖、动触点、静触点及熔统五部分组成。RCIA 熔断器主要用于交流 50 Hz、额定电压 380V 及以下、额定电流 200A 及以下的低压线路或分支电路中，作为电气设备的短路保护及一定程度的过载保护。

RL1 系列螺旋式熔断器主要由瓷帽、熔断管、瓷套、上下接线座和瓷座组成。熔断管内的管丝周围填充着石英砂以增强灭弧性能，因此 RL 系列又属于有填料封闭管式熔断器。熔丝焊在瓷管两端的金属盖上，其中一端有一个标有不同颜色的熔断指示器，当熔丝熔断时，熔断器指示器自动脱落。RL 系列螺旋式熔断器多用于机床线路中做短路保护。

RM10 系列无填料封闭管式熔断器主要由熔断管、熔体、插座等部分组成。该系列熔断器的熔管采用钢纸管做成，熔体熔断时，钢纸管内壁在电弧热量的作用下产生高压气体，使电弧迅速熄灭。而熔体则采用变截面锌片制成，当电路发生短路故障时，锌片几处狭窄部位同时熔断，形成较大空隙，容易灭弧。

RMIO 系列无填料封闭管式熔断器适用于交流 50 Hz、额定电压 380V 或直流额定电压

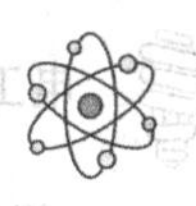

440V 及以下电压等级的低压电力网络、配电设备中做短路保护，也可兼顾过载保护。

RTO 系列有填料封闭管式熔断器主要由熔管、底座、夹头、夹座等部分组成，其熔管采用高频电工瓷制成；熔体是两片网状紫铜片，中间用锡桥连接。熔体周围填满石英砂，当电路发生短路或过载故障时，电弧在石英砂颗粒的窄缝中受到强烈的消电离作用而熄灭起到灭弧作用。

RT10 系列有填料封闭管式熔断器常用于较大短路电流的电力输配电网络中。

随着工业发展的需要，还制造出适于各种不同要求的特殊熔断器，如快速熔断器。快速熔断器又称为半导体器件保护用熔断器，它主要用于半导体功率元件的过电流保护。由于半导体元件的过载能力很低，只能在较短的时间内承受较大的过载电流，因此要求短路保护元件具有快速熔断的特性。

目前常用的半导体保护性熔断器有 NGT 型和 RS0、RS3 系列快速熔断器，以及 RS21、RS22 系列螺旋式快速熔断器。RS0 系列快速熔断器用于大容量的硅整流元件的过载和短路保护；RS3 系列快速熔断器用于晶体管的过载和短路保护；RS21、RS22 系列快速熔断器用于小容量的硅整流元件和晶闸管的过载和短路保护。

（二）熔断器的安装

①安装前，应检查熔断器的额定电压是否大于或等于线路的额定电压，熔断器的额定分断能力是否大于线路中预期的短路电流，熔体的额定电流是否小于或等于熔断器支持的额定电流。②熔断器一般应垂直安装，应保证熔体与触刀以及触刀与刀座接触良好，并能防止电弧飞落到邻近带电部分上。③安装时应注意不要让熔体受到机械损伤，以免因熔体截面变小而发生误动作。④安装时应注意使熔断器周围介质温度与被保护对象周围介质温度尽可能一致，以免保护特性产生误差。⑤安装必须可靠，以免有一相接触不良，出现相当于一相断路的情况，致使电动机因断相运行而烧毁。⑥安装带有熔断指示器的熔断器时，指示器应装在便于观察的位置。⑦熔断器两端的连接线应连接可靠，螺钉应拧紧。⑧熔断器的安装位置应便于更换熔体。⑨安装螺旋式熔断器时，熔断器的下接线板的接线端应在上方，并与电源线连接。连接金属螺纹壳体的接线端应装在下方，并与用电设备相连，有油漆标志端向外，两熔断器间的距离应留有手拧的空间，不宜过近。这样更换熔体时螺纹壳体上就不会带电，以保证人身安全。

（三）熔断器的使用与维护

①熔体烧断后，应先查明原因，排除故障。分清熔断器是在过载电流下熔断，还是在分断极限电流下熔断。一般在过载电流下熔断时响声不大，熔体仅在一两处熔断，且管壁

没有大量熔体蒸发物附着和烧焦现象；而分断极限电流熔断时与上面情况相反。②更换熔体时，必须选用原规格的熔体，不得用其他规格熔体代替，也不能用多根熔体代替一根较大熔体，更不准用细铜丝或铁丝来代替，以免发生重大事故。③更换熔体（或熔管）时，一定要先切断电源，将开关断开，不要带电操作，以免触电，尤其不得在负荷未断开时带电更换熔体，以免电弧烧伤。④插入和拔出熔断器时应戴绝缘手套等防护用品，用手直接操作或使用不适当的工具会发生危险。⑤更换无填料密闭管式熔断器熔片时，应先查明熔片规格，并清理管内壁污垢后再安装新熔片，且要拧紧两头端盖。⑥更换瓷插式熔断器熔丝时，熔丝应沿螺钉顺时针方向弯曲一圈，压在垫圈下拧紧，力度应适当。⑦更换熔体前，应先清除接触面上的污垢，再装上熔体，且不得使熔体发生机械损伤，以免因熔体截面变小而发生误动作。⑧运行中如有两相断相，更换熔断器时应同时更换三相。因为没有熔断的那相熔断器已经受到损害，若不及时更换，很快也会断相。

三、交流接触器

接触器是一种自动的电磁式开关，用于远距离频繁地接通或断开交直流主电路、大容量控制电路等大电流电路的自动切换。根据接触器主触点通过电流的种类，将其分为交流接触器和直流接触器。书中主要介绍交流接触器。

在功能上接触器除能自动切换外，还具有手动开关所缺乏的远距离操作功能和零压及欠压保护功能，但没有自动开关所具有的过载和短路保护功能。接触器生产方便、成本低，主要用于控制电动机、电热设备、电焊机、电容器组等，是电力拖动自动控制电路中使用最广泛的一种低压电器。

交流接触器是一种电气控制中频繁接通和分断电路及交流电动机的电器，主要用作控制交流电动机的启动、停止、反转、调速，并可与热继电器或其他适当的保护装置组合，共同保护电动机，以避免可能发生的过载或断相造成损失，也可用其控制其他电力负载，如电热器、电照明、电焊机、电容器组等。

交流接触器的种类很多，如电磁式交流接触器、真空式接触器和固体接触器。目前常用的交流接触器有 CJ10、CJ20、CJ40、CJX2 等系列产品。

（一）电磁式交流接触器

电磁式交流接触器主要由电磁机构、触点系统、灭弧系统组成。

电磁机构是将电磁能转换成机械能，操纵触点闭合或断开的机构，是接触器的重要组成部分。它主要由吸引线圈、铁芯和衔铁等部分组成。由于交流接触器的线圈通交流电，铁芯中存在磁滞的涡流损耗，会引起铁芯发热。为减少工作过程中交变磁场在铁芯中产生的涡流

及磁滞损耗，避免铁芯过热，交流接触器的铁芯和衔铁一般使用E形硅钢片叠压制成。同时为了减小机械振动的噪声，在静铁芯极面上装有短路环。为增大铁芯的散热面积，并防止线圈与铁芯直接接触而受热烧毁，交流接触器的线圈一般做成粗而短的圆筒形。

触点是接触器的执行部分，由银钨合金制成，具有良好的导电性和耐高温烧蚀性，它包括主触点和辅助触点。主触点一般由3对接触面较大的动合触点组成，其作用是接通和分断主回路，控制较大的电流；而辅助触点一般由两对动合和两对动断触点联动组成，它串接在通断电流较小的控制回路中。交流接触器的触点有点接触式、面接触式和线接触式3种。灭弧系统用来保证触点断开电路时，将产生的电弧能够可靠熄灭，以减少电弧对触点的损伤。为了迅速熄灭断开时的电弧，通常接触器都装有灭弧装置，一般采用半封式纵缝陶土灭弧罩，并配有强磁吹弧回路。

除了上述三大组成部分外，电磁式交流接触器还有绝缘外壳、弹簧、短路环、传动机构等部分。

电磁式交流接触器的工作原理：当线圈通电时衔铁被吸动，电磁机构的吸力克服反作用弹簧及触点弹簧的反作用力，动触点和静触点接通，主电路接通。当线圈断电时，衔铁和动触点在反作用力作用下运动，触点断开并产生电弧，电弧在触点回路电动力及气动力的驱动下，在灭弧室中受到强烈冷却去游离而熄灭，主电路最后切断。

交流接触器广泛用于电力的开断和控制电路。它利用主触点来开闭电路，用辅助触点来执行控制指令，小型接触器也经常作为中间继电器配合主电路使用。

（二）真空式接触器

真空式接触器以真空为灭弧介质，其主触点密封在特制的真空灭弧管内。当操作线圈通电时，衔铁吸合，在触点弹簧和真空管自闭力的作用下触点闭合。操作线圈断电时，反力弹簧克服真空管自闭力使衔铁释放，触点断开。接触器分断电流时，触点之间会形成由金属蒸气和其他带电粒子组成的真空电弧。因真空介质具有很高的绝缘强度，且介质恢复速度很快，真空中燃弧时间一般小于10ms。真空式交流接触器适用于条件恶劣的危险环境中，常用的有CKJ系列和EVS系列。

（三）交流接触器的选择

在电力拖动中，交流接触器的选择应根据接触器额定电压、额定电流和线圈的额定电压以及触点数目等进行。

接触器额定电压的确定。接触器主触点的额定电压应根据主触点所控制负载电路的额定电压来确定。

接触器额定电流的选择。一般情况下，接触器主触点的额定电流应大于等于负载或电动机的额定电流，计算公式为：

$$I_N = \frac{P_N \times 10^3}{KU_N}$$

式中：I_N 为接触器主触点额定电流；K 为经验系数，一般取 1~1.4；P_N 为被控电动机额定功率；U_N 为被控电动机额定线电压。若接触器用于电动机频繁启动、制动或正/反转的场合，一般可将其额定电流降个等级来选用。

接触器线圈额定电压的确定。接触器线圈的额定电压应等于控制电路的电源电压。为保证安全，一般接触器线圈选用 110V、127V 电压，并由控制变压器供电。但如果控制电路比较简单，所用接触器的数量较少时，为省去控制变压器，可选用 380V、220V 电压。

接触器触点数目。在三相交流系统中，一般选用三极接触器，即三对动合主触点，当需要同时控制中性线时，则选用四极交流接触器。在单相交流系统中，则常用两极或三极并联接触器。

四、继电器

继电器是一种根据某种物理量的变化，接通或断开小电流电路，实现自动控制和保护电力拖动装置的电路。它具有控制系统（又称输入回路）和被控制系统（又称输出回路），通常在自动控制电路中，通过接触器或其他电器对主电路进行控制，也就是用较小的电流去控制较大电流的一种“自动开关”。

继电器在电气控制中的作用有以下几个：①扩大电气控制范围。例如，多触点继电器控制信号达到某定值时，可以根据触点组的不同形式，同时换接、开断、接通多路电路。②小电流控制较大电流。例如，灵敏型继电器、中间继电器等，用一个很微小的控制量可以控制很大功率的电路。③对控制信号进行综合。例如，当多个控制信号按规定的形式输入多绕组继电器时，经过比较综合，达到预定的控制效果。④自动、遥控、监测控制线路。例如，自动装置上的继电器与其他电器，可以组成程序控制线路，从而实现自动化运行。

因此，继电器在电路中起着自动调节、安全保护、转换电路等作用。与接触器相比，它具有触点分断能力小、结构简单、体积小、质量轻、反应灵敏等特点。

继电器一般由检测机构、中间机构和执行机构三大部分组成。检测机构是把检测到的外界电量或非电量信号传递给中间机构。中间机构对信号的变化进行判断、转换、放大等。当输入信号变化达到一定值时，中间机构便使执行机构动作，从而接通或断开某部分电路，使其控制的电路状态发生变化，以达到控制和保护的目的。

继电器的种类很多。按照用途的不同，可分为控制继电器和保护继电器，按输入信号

的不同，可分为电压继电器、中间继电器、电流继电器、时间继电器、压力继电器、温度继电器和速度继电器等；按输出形式的不同，可分为有触点继电器和无触点继电器；按工作原理的不同，可分为电磁式继电器、电动式继电器、感应式继电器、晶体管式继电器和热继电器等。下面介绍几种常用的继电器。

（一）电磁式继电器

电磁式继电器是应用较早、较广泛的一种继电器。电磁式继电器中的反力弹簧与接触器大体相同，由电磁系统、触点系统和释放弹簧系统等组成。由于继电器的触点均接在控制电路中，流过触点的电流比较小（一般在5A以下），因此不需要灭弧装置。电磁式继电器通常由继电器和继电器座两部分组成，方便替换。目前常见的电磁式继电器触点数量有8脚、11脚和14脚3种。

电磁式继电器按电磁线圈电流的类型分为直流电磁式继电器和交流电磁式继电器；按其在电路中的连接方式分为电流继电器、电压继电器和中间继电器等。

（二）电磁式电压继电器

电磁式电压继电器并接在电路电压上，根据线圈两端电压大小来接通或断开电路的继电器。这种继电器线圈的导线细、匝数多、阻抗大。按吸合电压相对额定电压大小可分为过电压继电器和欠电压继电器。

1. 过电压继电器

在电路中用于过电压保护。当线圈为额定电压时，衔铁不吸合，只有当线圈电压高于其额定电压一定值时，衔铁才吸合，相应触点动作；当线圈电压低于继电器释放电压时，衔铁返回释放状态，相应触点也返回到原始状态。

由于直流电路一般不会出现过电压现象，因此没有直流过电压继电器，只有交流过电压继电器。交流过电压继电器在电压为额定值的1.05~1.2倍时，实现电路的过电压保护。

2. 欠电压继电器

在电路中用于欠电压保护。当线圈电压低于额定电压时，衔铁就吸合，而当线圈电压很低时衔铁才释放。直流欠电压继电器在电压为额定电压的30%~50%时衔铁吸合，吸合电压为额定电压的7%~20%时衔铁才释放。交流欠电压继电器在吸合电压为额定电压的60%~85%时衔铁吸合，吸合电压为额定电压的10%~35%时衔铁才释放。

零电压继电器是当电压降到额定值的5%~20%时才动作，切断电路实现欠电压或零电压保护。

（三）电磁式电流继电器

电磁式电流继电器一般串接在电路中，是根据线圈电流的大小而接通或断开电路的继电器。这种继电器线圈的导线粗、匝数少、阻抗小，不会影响负载电路中的电流。按吸合电流的大小，可分为过电流继电器和欠电流继电器。

1. 过电流继电器

在电路中用于过电流保护。正常工作时，线圈流过负载电流，衔铁不吸合。当流过线圈的电流超过定值时，衔铁吸合使触点动作，动断触点打开，切断接触器线圈电路，使接触器线圈释放，接触器主触点断开主电路，然后过电流继电器也失电而释放，从而达到过电流保护作用。直流过电流继电器的吸合电流为额定电流的0.7~3倍时，交流过电流继电器的吸合电流为额定电流的1.1~4倍时，过电流继电器动作。由于过电流继电器具有短路工作的特点，因此一般无须装短路环。

2. 欠电流继电器

在电路中用于欠电流保护。正常工作时，线圈流过额定电流，衔铁处于吸合状态。当负载电流减小至继电器释放电流时，衔铁释放，触点恢复到原始状态。在电气产品中，只有直流欠电流继电器，而没有交流欠电流继电器。欠电流继电器的吸合电流为额定电流的30%~65%时衔铁吸合，吸合电流为额定电流的10%~20%时衔铁才释放。

（四）热继电器

热继电器是利用电流在经过继电器发热元件时，产生热量使检测元件受热弯曲，从而使执行机构发出动作的一种保护电器。

电动机在实际运行时，如拖动生产机械工作过程中，若出现机械故障或电路异常使电动机过载，则电动机转速下降，绕组中的电流增大，使电动机的绕组温度升高。若过载电流不大且过载的时间较短，电动机绕组不超过允许温升，这种过载是允许的。但若过载时间长，过载电流大，电动机绕组的温升就会超过允许值，使电动机绕组老化，缩短电动机的使用寿命，严重时甚至会使电动机绕组烧毁。所以，这种过载是电动机不能承受的。热继电器就是利用电流的热效应原理，在出现电动机不能承受的过载时切断电动机电路，为电动机提供过载保护的保护电器。但是，由于热继电器的发热元件具有热惯性，故在电路中不能用作瞬时过载保护，更不能用作短路保护。

热继电器的种类较多。按极数的多少，可分为单极、两极和三极，其中三极又包括带断相保护和不带断相保护装置；按复位方式的不同，可分为自动复位式和手动复位式热继

电器。常用的热继电器有 JR16、JR20 等系列，JR16 系列双金属片热继电器主要由热元件、触点系统、动作机构、电流整定装置和温度补偿元件等部分组成。

热继电器对电动机进行过载保护时，将热元件与电动机的定子绕组串联，热继电器的动断触点串联在交流接触器的电磁线圈的控制电路中，并调节额定电流调节凸轮，使连杆与推杆保持一定的距离。当电动机正常工作时，通过热元件的电流使热元件发热，双金属片受热，使推杆刚好与连杆接触，动断触点闭合，交流接触器保持吸合状态，电动机正常运行。

当电动机出现过载情况时，其电动机绕组中的电流增大，使双金属片温度升得更高，弯曲程度加大，从而推动连杆，使动断触点断开，交流接触器线圈失电，切断电动机的电源，电动机停车而实现对电路的过载保护。

（五）时间继电器

在电气控制系统中，通常需要有瞬时动作或者能够延时操作的继电器。时间继电器是一种利用电磁原理或机械动作原理实现触点延时接通或断开的自动控制电器，它经常用于按时间原则进行控制的场合。时间继电器的种类较多，常用的有直流电磁式、空气阻尼式、电动式和晶体管式等。

直流电磁式时间继电器的结构简单，只需在直流电磁式电压继电器的铁芯上增加一个阻尼铜套，就构成时间继电器。它是利用电磁阻尼原理产生延时的，由电磁感应定律可知，在继电器线圈通断电过程中，铜套内产生感生涡流，阻碍穿过铜套内的磁通变化，对原磁通起到阻尼作用。

当继电器通电时，由于衔铁处于释放位置，气隙大、磁阻大、磁通小，铜套阻尼作用相对也小，因此衔铁吸合时延时不显著，一般忽略不计。

当继电器断电时，磁通变化量大，铜套阻尼作用也大，使衔铁延时释放而起到延时作用。因此，这种继电器仅用作断电延时场合。

空气阻尼式时间继电器是利用空气阻尼原理获得延时的，其由电磁系统、延时系统和触点系统三部分组成。

电磁系统为直动式双 E 型，触点系统使用 LX5 型微动开关，延时系统采用气囊式阻尼器。电磁系统可以是直流的，也可以是交流的，既具有由空气室中的气动机构带动的延时触点，也具有由电磁机构直接带动的瞬动触点，既可做成通电延时型，也可做成断电延时型。

只要改变电磁系统的安装方向，便可实现不同的延时方式。当衔铁位于铁芯和延时系统之间时为通电延时，当铁芯位于衔铁和延时系统之间时为断电延时。

当线圈通电时，衔铁及托板被铁芯吸引而瞬时下移，使瞬时动作触点接通或断开。但是活塞杆和杠杆不能同时跟着衔铁一起下落，因为活塞杆的上端连着气室中的橡皮膜，当活塞杆在释放弹簧的作用下开始向下运动时，橡皮膜随之向下凹，上面空气室的空气变得稀薄而使活塞杆受到阻尼作用而缓慢下降。经过一定时间，活塞杆下降到一定位置，便通过杠杆推动延时触点动作，使动断触点断开，动合触点闭合。从线圈通电到延时触点完成动作，这段时间就是继电器的延时时间。延时时间的长短可以用螺钉调节空气室进气孔的大小来改变。进气孔大，移动速度快，延时短；进气孔小，移动速度慢，延时长。

（六）速度继电器

速度继电器是一种以转速为输入量的非电信号检测电器，它能在被测转速上升或下降至其预先设定的动作时输出通断信号，在电气控制中通常用于笼型异步电动机的反接制动控制，因此又称其为反接制动继电器。

速度继电器是将电动机的转速信号经电磁感应原理来实现触点动作的。当电动机转速下降到一定值时，速度继电器触点断开，切断电动机控制电路，使电动机停止运行。速度继电器主要由定子、转子和触点系统等组成。定子是个笼型空心圆环，由硅钢片叠成，并装有笼型绕组；转子是一个圆柱形永久磁铁；触点系统有一组正向运转时动作和一组反向运转时动作的触点，每组又各有一对动合和一对动断触点。

速度继电器的转轴与电动机轴相连接，转子固定在轴上，定子与轴同心。当电动机转动时，速度继电器的转子随之转动，绕组切割磁场产生感应电动势和电流，此电流和永久磁铁的磁场作用产生转矩，使定向轴的转动方向偏摆，通过定子柄拨动触点，使动断触点断开、动合触点闭合。当电动机转速下降到一定值时，转矩减小，定子柄在弹簧力的作用下恢复原位，触点也复原。一般速度继电器触点的动作转速为140r/min，触点复位转速为100r/min。

（七）固态继电器

固态继电器SSR（Solid State Relays）是一种全部由固态电子组成的无触点通断电子开关器件，它利用电子元件（如开关三极管、双向可控硅等半导体器件）的开关特性，可达到无触点无火花地接通和断开电路的目的，因此又被称为“无触点开关”。它为四端有源器件，其中两端为输入控制端，另外两端为输出受控端。为实现输入与输出之间的电气隔离。

器件中采用了高耐压的专业光电耦合器。当施加输入信号后，其主回路呈导通状态，无信号时呈阻断状态。整个器件无可动部件及触点，可实现相当于常用电磁继电器一样的功能。其封装形式也与传统电磁继电器基本相同。它于20世纪70年代问世，由于它的无触点工作特性，使其在许多领域的电控及计算机控制方面得到日益广泛的应用。

由于固态继电器是由固体元件组成的无触点开关元件，因此它较之电磁继电器具有工作可靠、寿命长、对外界干扰小、能与逻辑电路兼容、灵敏度高、控制功率小、电磁兼容

性好和使用方便等优点。因而固态继电器具有很宽的应用领域，有逐步取代传统电磁继电器之势，并可进一步扩展到传统电磁继电器无法应用的领域。固态继电器由输入电路、隔离（耦合）和输出电路三部分组成。根据其输入电压的类别不同，可分为直流输入电路、交流输入电路和交直流输入电路三种。有些输入控制电路还具有与 TTL/CMOS 兼容、正负逻辑控制和反相等功能。固态继电器的输入与输出电路的偏离和耦合方式有光电耦合和变压器耦合两种。固态继电器的输出电路也可分为直流输出电路、交流输出电路和交直流输出电路等形式。交流输出时，通常使用两个晶闸管或一个双向晶闸管；直流输出时，可使用双极性器件或功率场效应管。固态继电器按使用场合可以分成交流型和直流型两大类，它们分别在交流或直流电源上做负载的开关，不能混用。

第二节 直流电动机

电动机分为直流电动机与交流电动机。直流电动机是使用直流电作为电源，而交流电动机是使用交流电作为电源。

直流电动机通过电刷和换向器把电流引入转子电枢中，从而使转子在定子磁场中受力而产生旋转。

直流电动机具有原理简单、调速性能好、启动力矩大的优点，可以在重负载条件下实现均匀、平滑的无级调速，而且调速范围较宽。大型可逆轧钢机、卷扬机、电力机车、电车等都用直流电动机拖动。

一、直流电动机的结构

直流电动机由定子和转子两大部分组成。直流电动机运行时静止不动的部分称为定子，定子的主要作用是产生磁场，它由机座、主磁极、换向极、端盖、轴承和电刷装置等组成。运行时转动的部分称为转子，其主要作用是产生电磁转矩和感应电动势，是直流电动机进行能量转换的枢纽，所以通常又称为电枢，它由转轴、电枢铁芯、电枢绕组、换向器和风扇等组成。

（一）主磁极

主磁极的作用是产生气隙磁场。主磁极由主磁极铁芯和励磁绕组两部分组成。铁芯一般用 0.5~1.5mm 厚的硅钢板冲片叠压铆紧而成，分为极身和极靴两部分，上面套励磁绕组的部分称为极身，下面扩宽的部分称为极靴。极靴宽于极身，既可以调整气隙中磁场的分布，又便于固定励磁绕组。励磁绕组用绝缘铜线绕制而成，套在主磁极铁芯上。

（二）换向极

换向极的作用是改善换向，减小电动机运行时电刷与换向器之间可能产生的换向火花，一般装在两个相邻主磁极之间，由换向极铁芯和换向极绕组组成。换向极绕组用绝缘导线绕制而成，套在换向极铁芯上，换向极的数目与主磁极相等。

（三）机座

电动机定子的外壳称为机座。机座的作用有两个：一是用来固定主磁极、换向极和端盖，并对整个电动机起支撑和固定作用；二是机座本身也是磁路的一部分，借以构成磁极之间磁的通路，磁通通过的部分称为磁轭。为保证机座具有足够的机械强度和良好的导磁性能，一般为铸钢件或由钢板焊接而成。

（四）电刷装置

电刷装置是用来引入或引出直流电压和直流电流的。电刷装置由电刷、刷握、刷杆和刷杆座等组成。电刷放在刷握内，用弹簧压紧，使电刷与换向器之间有良好的滑动接触，刷握固定在刷杆上，刷杆装在圆环形的刷杆座上，相互之间必须绝缘。刷杆座装在端盖或轴承内盖上，圆周位置可以调整，调好以后加以固定。

（五）转子（电枢）

1. 电枢铁芯

电枢铁芯是主磁路的主要部分，同时用以嵌放电枢绕组。一般电枢铁芯采用由0.5mm厚的硅钢片冲制而成的冲片叠压而成，以降低电动机运行时电枢铁芯中产生的涡流损耗和磁滞损耗。叠成的铁芯固定在转轴或转子支架上。铁芯的外缘开有电枢槽，槽内嵌放电枢绕组。

2. 电枢绕组

电枢绕组的作用是产生电磁转矩和感应电动势，是直流电动机进行能量变换的关键部件，所以叫电枢。它是由许多线圈（以下称元件）按一定规律连接而成，线圈采用高强度漆包线或玻璃丝包扁铜线绕成，不同线圈的线圈边分上下两层嵌放在电枢槽中，线圈与铁芯之间以及上、下两层线圈边之间都必须妥善绝缘。为防止离心力将线圈边甩出槽外，槽口用槽楔固定。线圈伸出槽外的端接部分用热固性无纬玻璃带进行绑扎。

3. 换向器

在直流电动机中，换向器配以电刷，能将外加直流电源转换为电枢线圈中的交变电

流，使电磁转矩的方向恒定不变；在直流发电机中，换向器配以电刷，能将电枢线圈中感应产生的交变电动势转换为正、负电刷上引出的直流电动势。换向器是由许多换向片组成的圆柱体，换向片之间用云母片绝缘，换向片的下部做成鸽尾形，两端用钢制V形套筒和V形云母环固定，再用螺母锁紧。

4. 转轴

转轴起转子旋转的支撑作用，需要有一定的机械强度和刚度，一般用圆钢件加工制成。大型直流电动机大多利用电磁铁在线圈中通电流来产生磁场。

电动机中专门为产生磁场而设置的线圈组称为励磁绕组。

二、直流电动机的分类

励磁方式是指对励磁绕组如何供电、产生励磁磁通势而建立主磁场的问题。根据励磁方式的不同，直流电动机可分为下列几种类型。

（一）他励直流电动机

励磁绕组与电枢绕组无连接关系，而由其他直流电源对励磁绕组供电的直流电动机称为他励直流电动机。永磁直流电动机也可看作他励直流电动机。

（二）并励直流电动机

并励直流电动机的励磁绕组与电枢绕组相并联，作为并励发电机来说，是电机本身发出来的端电压为励磁绕组供电；作为并励电动机来说，励磁绕组与电枢共用同一电源，从性能上讲与他励直流电动机相同。

（三）串励直流电动机

串励直流电动机的励磁绕组与电枢绕组串联后，再接于直流电源。这种直流电动机的励磁电流就是电枢电流。

（四）复励直流电动机

复励直流电动机有并励和串励两个励磁绕组。若串励绕组产生的磁通势与并励绕组产生的磁通势方向相同，则称为积复励。若两个磁通势方向相反，则称为差复励。

不同励磁方式的直流电动机有着不同的特性。

①串励。启动和过载能力较大，转速随负载变化明显。空载转速过高，俗称“飞并车”。②并励。转速基本恒定，一般用于转速变化较小的负载。③复励。以并励为主的复

励电动机具有较大转矩，转速变化不大，多用于机床等。以串励为主的复励电动机具有接近串励电动机特性，但无“飞车”危险。④他励。励磁回路单独供电的电动机，用于需要宽调速的系统。

一般情况下，直流电动机的主要励磁方式是并励式、串励式和复励式，直流发电机的主要励磁方式是他励式、并励式和复励式。

（五）有无刷分类

1. 无刷直流电动机

无刷直流电动机是将普通直流电动机的定子与转子进行了互换。其转子为永久磁铁产生气隙磁通，定子为电枢，由多相绕组组成。在结构上，它与永磁同步电动机类似。

无刷直流电动机定子的结构与普通同步电动机或感应电动机相同，在铁芯中嵌入多相绕组（三相、四相、五相不等）。绕组可接成星形或三角形，并分别与逆变器的各功率管相连，以便进行合理换相。转子多采用钐钴或钕铁硼等高矫顽力、高剩磁密度的稀土材料，由于磁极中磁性材料所放位置的不同，可以分为表面式磁极、嵌入式磁极和环形磁极。由于电动机本体为永磁电机，所以习惯上把无刷直流电动机也叫作永磁无刷直流电动机。

2. 有刷直流电动机

有刷直流电动机的两个刷（铜刷或者炭刷）是通过绝缘座固定在电动机后盖上直接将电源的正负极引入到转子的换相器上，而换相器连通转子上的线圈，三个线圈极性不断地交替变换，与外壳上固定的两块磁铁形成作用力而转动起来。由于换相器与转子固定在一起，而刷与外壳（定子）固定在一起，电动机转动时刷与换相器不断发生摩擦产生大量的阻力与热量。所以，有刷直流电动机的效率低下，损耗非常大。但是它同样具有制造简单、成本低廉的优点。

三、直流电动机的工作原理

接通直流电压 U 时，直流电流为从 a 边流入，b 边流出，由于 a 边处于 N 极之下，b 边处于 S 极之下，则线圈受到电磁力而形成一个逆时针方向的电磁转矩 T，使电枢绕组绕轴线方向逆时针方向转动。

当电枢转动半周后，a 边处于 S 极之下，而 b 边处于 N 极之下。由于采用了电刷和换向器装置，此时电枢中的直流电流方向变为从 b 边流入，从 a 边流出。电枢仍受到逆时针方向的电磁转矩 T 的作用，继续绕轴线方向逆时针方向转动。

（一）直流电动机的运行与控制

1. 直流电动机的启动

直流电动机直接启动时的启动电流很大，达到额定电流的10~20倍，因此必须限制启动电流。限制启动电流的方法就是，启动时在电枢电路中串接启动电阻 R_{st}，启动电阻的值为：

$$R_{st} = \frac{U}{I_{st}} - R_a$$

式中，R_a 为电动机额定内阻值；I_{st} 为启动电流。一般规定，启动电流不应超过额定电流的1.5~2.5倍。启动时将启动电阻调至最大，待启动后，随着电动机转速的上升将启动电阻逐渐减小。

2. 直流电动机的调速

根据直流电动机的转速公式

$$n = (U - I_a R_a) / (C_e \Phi)$$

可知，直流电动机的调速方法有三种，即改变磁通 Φ 调速、改变电枢电压 U 调速和电枢串联电阻调速。

改变磁通调速的优点是调速平滑，可做到无级调速；调速经济，控制方便；机械特性较硬，稳定性较好。但由于电动机在额定状态运行时磁路已接近饱和，所以通常只是减小磁通将转速往上调，调速范围较小。

改变电枢电压调速的优点：不改变电动机机械特性的硬度，稳定性好；控制灵活、方便，可实现无级调速；调速范围较宽，可达到额定电压的6~10倍。但电枢绕组需要一个单独的可调直流电源，设备较复杂。

电枢串联电阻调速方法简单、方便，但调速范围有限，机械特性变软，且电动机的损耗增大太多，因此只适用于调速范围要求不大的中、小容量直流电动机的调速场合。

3. 直流电动机的制动

直流电动机的制动也有能耗制动、反接制动和发电反馈制动三种。

①能耗制动是在停机时将电枢绕组接线端从电源上断开后立即与一个制动电阻短接，由于惯性，短接后电动机仍保持原方向旋转，电枢绕组中的感应电动势仍存在并保持原方向，但因为没有外加电压，电枢绕组中的电流和电磁转矩的方向改变了，即电磁转矩的方向与转子的旋转方向相反，起到了制动作用。②反接制动是在停机时将电枢绕组接线端从电源上断开后立即与一个相反极性的电源相接，电动机的电磁转矩立即变为制动转矩，使电动机迅速减速至停转。③发电反馈制动是在电动机转速超过理想空载转速时，电枢绕组

内的感应电动势将高于外加电压，使电机变为发电状态运行，电枢电流改变方向，电磁转矩成为制动转矩，限制电动机转速过分升高。

4. 改变直流电动机转向的方法

直流电动机旋转方向由其电枢导体受力方向来决定。根据左手定则，当电枢电流的方向或磁场的方向（即励磁电流的方向）两者之一反向时，电枢导体受力方向即改变，电动机旋转方向随之改变。但是，如果电枢电流和磁场两者方向同时改变时，则电动机的旋转方向不变。

在实际工作中，常用改变电枢电流的方向来使电动机反转，这是因为励磁绕组的匝数多，电感较大，换接励磁绕组端头时火花较大，而且磁场过零时，电动机可能发生“飞车”事故。

（二）直流电动机的选择

直流电动机以其良好的启动性能和调速性能著称。但是它与交流电动机相比，结构较复杂、成本较高、维护不便、可靠性稍差，尤其是换向问题，使得它的发展和应用受到限制。近年来，由于电力电子技术的迅速发展，与电力电子装置结合而具有直流电动机性能的电机不断涌现。但是，交流调速技术替代直流调速还需要经历一个较长的过程。因此，在比较复杂的拖动系统中，仍有很多场合要使用直流电动机。目前，直流电动机仍然广泛应用于冶金、矿山、交通、运输、纺织印染、造纸印刷、制糖、化工和机床等工业中需要调速的设备上。

四、直流电动机的使用与维护

（一）直流电动机使用前的准备及检查

①清扫电动机内部及换向器表面的灰尘、电刷粉末及污物等。②检查电动机的绝缘电阻，对于额定电压为500V以下的电动机，若绝缘电阻低于0.5MΩ时，须进行烘干后方能使用。③检查换向器表面是否光洁，如发现有机械损伤、火花灼烧或换向片间云母凸出等，应对换向器进行保养。④检查电刷边缘是否碎裂、刷辫是否完整、有无断裂或断股情况，电刷是否磨损到最短长度。⑤检查电刷在刷握内有无卡涩或摆动情况，弹簧压力是否合适，各电刷的压力是否均匀。⑥检查各部件的螺钉是否紧固。⑦检查各操作机构是否灵活，位置是否正确。

（二）直流电动机运行中的维护

①注意电动机声音是否正常，定子与转子之间是否有摩擦。检查轴承或轴瓦有无异声。

②经常测量电动机的电流和电压，注意不要过载。③检查各部分的温度是否正常，并注意检查主电路的连接点、换向器、电刷刷辫、刷握及绝缘体有无过热变色和绝缘枯焦等不正常气味。④检查换向器表面的氧化膜颜色是否正常，电刷与换向器间有无火花，换向器表面有无炭粉和油垢积聚，刷架和刷握上是否有积灰。⑤检查各部分的振动情况，及时发现异常现象，消除设备隐患。⑥检查电动机通风散热情况是否正常，通风道有无堵塞不畅情况。

（三）直流电动机的铭牌数据

电动机制造厂按照国家标准，根据电动机的设计和实验数据所规定的每台电动机的主要数据，称为电动机的额定值。额定值一般标在电动机的铭牌或产品说明书上。

（四）直流电动机的型号

型号表明该电动机所属的系列及主要特点。为了产品的标准化和通用化，电动机制造厂生产的产品多是系列电动机。系列电动机就是指在应用范围、结构形式、性能水平、生产工艺方面有共同性，功率按一定比例系数递增，并成批生产的一系列电动机。

第三节 三相异步电动机的结构与使用

一、三相异步电动机的结构

三相交流异步电动机主要由定子（固定部分）和转子（旋转部分）两大部分构成。

（一）定子

定子由机座、定子铁芯和三相定子绕组等组成。机座通常采用铸铁或钢板制成，起到固定定子铁芯、利用两个端盖支撑转子、保护整台电动机的电磁部分和散热的作用。定子铁芯由 0.35~0.50mm 厚的硅钢片叠压而成，片与片之间涂有绝缘漆以减少涡流损耗，定子铁芯构成电动机的磁路部分。硅钢片内圆上冲有均匀分布的槽，用于放置对称的三相定子绕组。

三相定子绕组采用高强度的漆包铜线绕制而成，U 相、V 相、W 相分别引出的 6 根出线端接在电动机外壳的接线盒里，其中 U1、V1、W1 为三相绕组的首端，U2、V2、W2 为末端。三相定子绕组根据电源电压和绕组的额定电压值连接成星形或三角形。

（二）转子

三相交流异步电动机的转子由转轴、转子铁芯和转子绕组等组成。转轴用来支撑转子旋转，保证定子与转子间均匀的空气隙。转子铁芯也是由硅钢片叠成，硅钢片的外圆上冲有均匀分布的槽，用来嵌入转子绕组，转子铁芯与定子铁芯构成闭合磁路。转子绕组由铜条或熔铝浇铸而成，形似鼠笼，故称为笼型转子。

二、三相异步电动机的应用

三相异步电动机是感应电动机的一种，是靠同时接入 380V 三相交流电流（相位差 120°）供电的一类电动机。由于三相异步电动机的转子与定子旋转磁场以相同方向、不同转速旋转，存在转差率，所以叫三相异步电动机。其优点如下：①三相异步电动机转子的转速低于旋转磁场的转速，转子绕组因与磁场间存在着相对运动而产生感生电动势和电流，并与磁场相互作用产生电磁转矩，实现能量变换。②与单相异步电动机相比，三相异步电动机运行性能好，并可节省各种材料。按转子结构的不同，三相异步电动机可分为笼型和绕线型两种。③笼型转子的异步电动机结构简单、运行可靠、质量轻、价格便宜，得到了广泛的应用，其主要缺点是调速困难。④绕线型三相异步电动机的转子和定子一样也设置了三相绕组，并通过滑环、电刷与外部变阻器连接。调节变阻器电阻可以改善电动机的启动性能和调节电动机的转速。

（一）三相异步电动机的启动

异步电动机通电后从静止状态过渡到稳定运行状态的过程，称为启动。

异步电动机若要启动成功，必须保证启动转矩 T_{st} 大于来自轴上的负载转矩 T_L。T_{st} 和 T_L 之间的差值越大，电动机启动过程越短，但差值过大又会使传动机构受到较大的冲击力而造成损坏。频繁启动的生产机械，其启动时间的长短将对劳动生产率或线路产生一定的影响。如电动机启动的初始时刻，$n=0$，$s=1$，转子绕组以最大转差速度与旋转磁场相切割，因此转子绕组中的感应电流达到最大，一般中、小型笼型异步电动机的启动电流 I_{st} 约为额定电流 I_N 的 4~7 倍。这么高的电流为什么不会烧坏电动机呢？

因为启动不同于堵转，电动机的启动过程一般时间很短，小型异步电动机的启动时间只有零点几秒，大型电动机的启动时间为十几秒到几十秒，从发热的角度考虑对电动机不会构成损害。电动机经启动后转速就会迅速升高，相对转差速度很快减小，从而使转子、定子电流很快下降，但当电动机频繁启动或电动机容量较大时，由于热量囤积或过大启动电流在输电线路上造成的短时较大压降，会对电动机造成损坏或影响同一电网上的其他设

备的正常工作。

对此，人们对电动机的启动提出了要求：启动电流小、启动转矩大、启动时间短和所用启动装置及操作方法尽量简单易行。

同时满足上述几点显然困难，实用中常根据具体情况适当选择启动方法。首先要考虑是否需要限制启动电流，若不需要，可用刀闸或其他设备直接将电动机与电源相接，这种启动方式称为全压启动或直接启动。

降压启动的目的主要是为了限制启动电流，但问题是在限制启动电流的同时，启动转矩也被限制了。因此，降压启动的方法只适用于轻载或空载情况下启动的电动机，待电动机启动完毕后再加上机械负载。常用的降压启动方法有Y-Δ降压启动和自耦变压器降压启动。

（二）三相异步电动机的调速

许多生产机械在工作过程中为了提高生产效率或满足生产工艺要求，在负载不变的情况下，用人为的方法使电动机的转速从某一数值改变到另一数值的过程，称为调速。

三相异步电动机的调速方法有变极（p）调速、变频（f）调速和变转差率（s）调速3种。

1. 变极调速

这种调速方法只适用于三相笼型异步电动机，不适合绕线型异步电动机，因为笼型异步电动机的转子磁极数是伴随定子磁极数的改变而改变的，而绕线型异步电动机的转子绕组在转子嵌线时已确定了磁极数，一般情况下很难改变。

采用变极调速的电动机一般每相定子绕组由两个相同的部分组成，这两部分可以串联也可以并联，通过改变定子绕组接法可制作出双速、三速、四速等品种。虽然变极调速时用到的转换开关较复杂，但单个设备相对来讲比较简单，常用在f需要调速又要求不高的场合。变极调速能做到分级调速，不可能实现无级调速。但变极调速比较经济、简便，目前广泛应用于机床中各拖动系统，以简化机床的传动机构。

2. 变频调速

改变电源频率可以改变旋转磁场的转速，同时也改变了转子的转速。这种调整方法的关键是为电动机设置专用的变频电源或采用变频器，因此成本较高。现在的晶闸管交频电源已经可以把50Hz的交流电源转换成频率可调的交流电源，以实现范围较宽的无级调速。随着电子器件成本的不断降低和可靠性的不断提高，这种调速方法的应用将越来越广泛。

工农业生产中常用的风机、泵类是用电量很大的负载，其中多数在工作中要求调速。若拖动它们的电动机转速一定，用阀门调节流量，相当部分的功率将消耗在阀门的节流阻力上，使能量严重浪费，且运行效率很低。如果电动机改为变频调速，靠改变转速来调节流量，一般可节电 20%~30%，其长期效益远高于增加变频电源的设备费用，因此变频调速是交流调速发展的主要方向。

3. **变转差率调速**

这种方法只适用于绕线型异步电动机。在绕线型异步电动机的转子回路中串联可调电阻，恒负载转矩下通过调节电阻的阻值大小，从而使转差率得到调整和改变。这种变转差率调速的方法，其优点是有一定的调速范围，且可做到无级调速，设备简单，操作方便。缺点是能耗较大，效率较低，并且随着调速电阻的增大，机械特性将变软，运行稳定性将变差。一般应用于短时工作制，且对效率要求不高的起重设备中。

（三）三相异步电动机的制动

采用一定的方法使高速运转的电动机迅速停转的措施，称为制动。

正在运行的电动机断电后，由于转子旋转和生产机械的惯性，电动机总要经历一段时间后才能慢慢停转。为了提高生产机械的效率及安全性，往往要求电动机能够快速停转，或有的机械从安全角度考虑，要求限制电动机不致过速（如起吊重物下降的过程），这时就必须对电动机进行制动控制。三相异步电动机常用的制动控制方法有以下几种。

1. **能耗制动**

当电动机三相定子绕组与交流电源断开后，将直流电通入定子绕组，产生固定不动的磁场。转子由于惯性转动，与固定磁场相切割而在转子绕组中感应电流，这个感应的转子电流与固定磁场再相互作用，从而产生制动转矩。这种制动方法是把电动机轴上的旋转动能转变为电能，消耗在转子回路电阻上，故称为能耗制动。能耗制动的特点是制动准确、平稳，但需要直流电源，且制动转矩随转速降低而减小。能耗制动的方法常用于生产机械中的各种机床制动。

2. **反接制动**

把与电源相连接的 3 条火线任意两根的位置对调，使旋转磁场反向旋转，产生制动转矩。当转速接近零时，利用某种控制电器将电源自动切断。反接制动方法制动动力强，停转迅速，无须直流电源，但制动过程中冲击力大，电路能量消耗也大，同时会对电动机轴等部件产生很大扭矩。反接制动通常适用于某些中型车床和铣床的主轴制动。

3. **再生制动**

再生制动也叫回馈制动、反馈制动，是一种应用在电动车辆等领域的技术。其原理是电动机在运转中如果降低频率，即电动机的转速低于机械负载的转速，则电动机变为异步

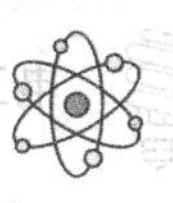

发电机工作状态，在电动机的轴上产生力矩，该力矩的方向与转速的方向相反，即在轴上产生机械制动力矩。这种制动叫再生制动。

第四节 电动机控制电路

一、三相异步电动机点动控制

点动正转控制线路是用按钮、接触器来控制电动机运转的最简单的正转控制线路。点动控制是指按下按钮，电动机就得电运转；松开按钮，电动机就失电停转。

点动正转控制线路是由三相刀开关 QS、熔断器 FU、启动按钮 SB、接触器 KM 及电动机 M 组成。其中以三相刀开关 QS 做电源隔离开关，熔断器 FU 做短路保护，按钮 SB 控制接触器 KM 的线圈得电、失电，接触器 KM 的主触点控制电动机 M 的启动与停止。

点动控制原理：当电动机需要点动时，先合上刀开关 QS，此时电动机 M 尚未接通电源。按下启动按钮 SB，接触器 KM 的线圈得电，带动接触器 KM 的三对主触点闭合，电动机 M 便接通电源启动运转。当电动机需要停转时，只要松开启动按钮 SB，使接触器 KM 的线圈失电，带动接触器 KM 的三对主触点恢复断开，电动机 M 失电停转。

控制电路使用非常广泛，把启动按钮 SB 换成压力节点、限位节点、水位节点等，就可以实现各种各样的自动控制电路，控制小型电动机的自动运行。

二、三相异步电动机启停控制

电路分为两部分：主电路由刀开关 QS、熔断器 FU、接触器 KM 的主触点、热继电器 FR 的热元件组成；控制电路由按钮 SB1、SB2、热继电器 FR 的动断（常闭）触点、熔断器 FU 以及接触器 KM 的线圈和辅助触点组成。

工作原理：启动时，合上刀开关 QS，按下按钮 SB2，接触器线圈 KM 通电，其动合（常开）主触点闭合，电动机接通电源全压启动，同时，与 SB2 并联的接触器 KM 的动合（常开）辅助触点也闭合。当手松开，SB2 自动复位时，KM 线圈通过其自身动合（常开）辅助触点继续保持通电，从而保证电动机的继续运行，这种依靠接触器自身辅助触点而使其线圈保持通电的手段称为自锁或自保持（这个起自锁作用的辅助触点称为自锁触点）。按下 SB1 按钮，这时接触器 KM 线圈断电，主触点和自锁触点均断开。电动机脱离电源停止运转。当手松开，SB1 按钮自动复位时，由于此时控制电路已断开，电动机不能恢复运转。只有再按下 SB2 按钮才可以。所以，称 SB2 为启动按钮，SB1 为停止按钮。主电路中，刀开关QS起隔离作用，熔断器FU起短路保护作用，热继电器FR用作过载保护。当电动机出现长期过载而使热继电器FR动作时，其动断（常闭）触点断开，KM线圈断电，电动机停止运转，从而实现对电动机的过载保护。

三、三相异步电动机正/反转控制

（一）原理说明

电动机要实现正/反转控制，将其电源的相序中任意两相对调即可，通常是V相不变，将U相与W相对调，为了保证两个接触器动作时能够可靠调换电动机的相序，接线时应使接触器的上口接线保持一致，在接触器的下口调相。由于将两相相序对调，故须确保两个KM线圈不能同时得电；否则会发生严重的相间短路故障。因此，必须采取联锁措施。为安全起见，常采用按钮联锁与接触器联锁的双重联锁正/反转控制线路。使用了按钮联锁，即使同时按下正/反转按钮，调相用的两接触器也不可能同时得电，机械上避免了相间短路。另外，由于应用的接触器联锁，所以只要其中一个接触器得电，其常闭触点就不会闭合，这样在机械、电气双重联锁的应用下，电动机的供电系统不可能相间短路，有效地保护了电动机，同时也避免在调相时相间短路造成事故，烧坏接触器。

（二）原理分析

主回路采用两个接触器，即正转接触器KM1和反转接触器KM2。当接触器KM1的三对主触点接通时，三相电源的相序按U-V-W接入电动机。当接触器KM1的三对主触点断开，接触器KM2的三对主触点接通时，三相电源的相序按W-V-U接入电动机，电动机就向相反方向转动。电路要求接触器KM1和接触器KM2不能同时接通电源；否则它们的主触点将同时闭合，造成U、W两相电源短路。为此在KM1和KM2线圈各自支路中相互串联对方的一对辅助常闭触点，以保证接触器KM1和KM2不会同时接通电源，KM1和KM2的这两对辅助常闭触点在线路中所起的作用称为联锁或互锁作用，这两对辅助常闭触点就叫联锁或互锁触点。

1. 正向启动过程

按下启动按钮SB1，接触器KM1线圈通电，与SB1并联的KM1的辅助常开触点闭合，以保证KM1线圈持续通电，串联在电动机回路中的KM1主触点持续闭合，电动机连续正向运转。

2. 停止过程

按下停止按钮SB3，接触器KM1线圈断电，与SB1并联的KM1的辅助触点断开，以

保证 KM1 线圈持续失电，串联在电动机回路中的 KM1 的主触点持续断开，切断电动机定子电源，电动机停转。

3. 反向启动过程

按下启动按钮 SB2，接触器 KM2 线圈通电，与 SB2 并联的 KM2 的辅助常开触点闭合，以保证 KM2 线圈持续通电，串联在电动机回路中的 KM2 的主触点持续闭合，电动机连续反向运转。

4. 三相异步电动机的正/反转控制

使用两个分别用于正转和反转的交流接触器 KM1、KM2，对这个电动机进行电源电压相的调换。此时，如果正转用交流接触器 KM1，电源和电动机通过接触器 KM1 主触点，使 L1 相和 U 相、L2 相和 V 相、L3 相和 W 相对应连接，所以电动机正向转动。如果接触器 KM2 动作，电源和电动机通过 KM2 主触点，使 L1 相和 W 相、L2 相和 V 相、L3 相和 U 相分别对应连接，因为 L1 相和 L3 相交换，所以电动机反向转动。

5. 三相异步电动机正/反转控制的安全措施

电动机的正/反转控制操作中，如果错误地使正转交流接触器和反转交流接触器同时动作，形成一个闭合电路后会怎么样呢？三相电源的 L1 相和 L3 相的线间电压，通过反转交流接触器的主触点，形成了完全短路的状态，会有大的短路电流流过，烧坏电路。所以，为了防止两相电源短路事故，接触器 KM1 和 KM2 的主触点绝不允许同时闭合。

6. 互锁保护

当电动机正转时 KM1 线圈得电，KM1 接触器常闭触点断开，反转电路就不能得电，同理当电动机反转时 KM2 线圈得电，KM2 接触器常闭触点断开，正转电路就不能得电。正/反转的互锁是为了电动机在运行时正/反转互相冲突，正/反转不能同时进行；防止电动机正/反转互换时，两个交流接触器同时吸合，发生短路，烧坏电动机。

四、三相异步电动机其他电路控制

（一）三相异步电动机星-三角降压启动控制（手动）

星-三角降压启动是一种以牺牲启动转矩为代价的降压启动方式，虽然降低了启动电流，但是同时牺牲了转矩，只能用在一般的轻、中负载场合。

所需主要元器件：3 个交流接触器，一个热继电器，启动、停止按钮各一个，主断路器一个，视电动机功率选定。

3 个交流接触器的作用：一个为主电路接通电源，一个为星形启动，一个为三角形启动。

热继电器的作用：提供过载保护。

断路器的作用：为电动机提供短路保护。

1. 电路启动过程

当总电源开关 QS 闭合时，接触器 KM、KMY、KM△线圈没有通电，所以主触点和辅助触点都没有闭合，电动机没有通电不运转。按下启动按钮 SB1，接触器 KM 线圈得电，KM 接触器主触点闭合得电，常开辅助触点 KM 闭合实现自锁，同时 KMY 线圈得电，KMY 主触点闭合，此时 KM1 和 KMY 主触点都闭合，电动机得电，实现星形启动运转，常闭触点 KMY 断开实现互锁，KM2 主触点不会得电，保护电路不会短路。

2. 星–三角切换过程

当按下切换按钮 SB2，KMY 线圈所在回路上 SB2 按钮常闭触点断开，KMY 线圈失电，导致主电路 KMY 主触点断开。但同时 KM△线圈所在回路上 SB2 按钮的常开触点闭合，同时 KMY 常闭触点闭合，接触器 KM△线圈得电。此时，常开辅助触点 KM△闭合实现自锁，接触器主触点 KM△得电，KM 和 KM△闭合使电动机继续运行，实现三角形运转，至此，星–三角降压启动完成。

如果按下停止按钮 SB3，所有接触器线圈均失电，主触点断开，电动机停止运行。注意，在接触器 KMY 向 KM△转换时，时间是非常短暂的，不会影响电动机中间过程的运行。

控制电路中 KM 和 KM△同时得电，实现星形运转；KM 和 KM△得电，实现三角形运转；KMY 和 KM△是互锁关系，两者不会同时得电。这是因为在 KMY 和 KM△线路中串联对方的常闭触点，只要一方线圈得电，常闭触点就会断开，两者实现互锁，不能同时得电。

（二）三相异步电动机顺序启动逆序停止控制

其特点是，电动机 M2 的主电路接在接触器 KM1 主触点的下面，这样就保证了当接触器 KM1 主触点闭合，电动机 M1 启动运转后，M2 才可能接通电源运转。其工作原理如下。

合上电源开关（三相刀开关），按下 SB2 按钮，接触器 KM1 线圈通电，KM1 自锁触点闭合自锁、KM1 主触点闭合，电动机 M1 启动连续运转，这时按下 SB3 按钮，KM2 线圈通电，KM2 自锁触点闭合、KM2 主触点闭合，电动机 M2 启动连续运转。

M1、M2 停止：由于 KM2 常开触点自锁，因此按下 SB1 按钮无法停止任何一台电动机。按下 SB4 按钮，右侧控制电路失去电能，接触器线圈 KM2 停止吸合，接触器 KM2 主触点断开，电动机 M2 失去电能停止转动。此时再按下 SB1 按钮，由于 KM2 处于断开状态，接触器线圈 KM1 会失电而停止吸合，KM1 自锁触点恢复断开，KM1 主触点闭合，电动机 M1 失去电能停止转动。

（三）三相异步电动机行程控制

行程控制是按运动部件移动的距离发出指令的一种控制方式，在生产中得到广泛应用，如运动部件（如机床工作台）的上、下、左、右运动，包括行程控制、自动换向、往复循环、终端限位保护等。行程控制需要用行程开关来实现。

SQ1 和 SQ2 是复合式行程开关，具有一个常闭触点和一个常开触点，因此 SQ1 既可以切断正转控制电路，也可以闭合反转控制电路；相应地，SQ2 既可以切断反转控制电路，也可以闭合正转控制电路，这样行程开关在撞块 1、2 的撞击下，便可控制电动机正/反转，带动运动部件前进、后退。行程开关 SQ3 和 SQ4 具有一个常闭触点，当撞块撞击行程开关 SQ1 或 SQ2，而 SQ1 或 SQ2 由于故障没有动作时，运动部件按原来的方向继续运动，使撞块撞击 SQ3 或 SQ4；切断控制电路，并使电动机停止，从而起到终端限位保护的作用。

五、基本电气识图

电气图的制图者必须遵守制图的规则和表示方法，读图者掌握了这些规则和表示方法，就能读懂制图者所表达的意思。所以，不管是制图者还是读图者都应当掌握电气线路图的制图规则和表示方法。

电气图是电气工程中各部门进行沟通、交流信息的载体，由于电气图所表达的对象不同，提供信息的类型及表达方式也不同，这样就使电气图具有多样性。同一套电气设备，可以有不同类型的电气图，以适应不同使用对象的要求。表示系统的工作原理、工作流程和分析电路特性，需用电路图；表示元件之间的关系、连接方式和特点，需用接线图。

根据各电气图所表示的电气设备、工程内容及表达形式的不同，电气图通常可分为以下几类：

电路图是以电路的工作原理及阅读和分析电路方便为原则，用国家统一规定的电气图形符号和文字符号，按工作顺序用图形符号从上而下、从左到右排列，详细表示电路、设备或成套装置的工作原理、基本组成和连接关系。电路图是表示电流从电源到负载的传送情况和电气元件的工作原理，而不考虑其实际位置的一种简图。其目的是便于详细理解设备工作原理、分析和计算电路特性及参数，为测试和寻找故障提供信息，为编制接线图提供依据，为安装和维修提供帮助，所以这种图又称为电气原理图或原理接线图。

电路图在绘制时应注意设备和元件的表示方法。在电路图中，设备和元件采用符号表示，并应以适当形式标注其代号、名称、型号、规格、数量等。注意设备和元件的工作状态。设备和元件的可动部分通常应表示在非激励或不工作的状态或位置。符号的布置，对于驱动部分和被驱动部分之间，采用机械连接的设备和元件（如接触器的线圈、主触点、辅助触点)，以及同一个设备的多个元件（如转换开关的各对触点)，可在图上采用集中、半集中或分开布置。

（一）元件布置图

元件布置图主要是用来表明电气设备上所有电器的实际位置，为生产机械电气控制设备的制造、安装、维修提供必要的资料。以机床电气布置图为例，它主要由机床电气设备布置图、控制柜及控制板电气设备布置图、操纵台及悬挂操纵箱电气设备布置图等组成。

元件布置图应遵守的原则如下。①必须遵循相关国家标准设计和绘制电气元件布置图。②相同类型的电气元件布置时，应把体积较大和较重的安装在控制柜或面板的下方。③发热的元器件应该安装在控制柜或面板的上方或后方，但热继电器一般安装在接触器的下面，以方便与电动机和接触器的连接。④需要经常维护、整定和检修的电气元件、操作开关、监视仪器仪表，其安装位置应高低适宜，以便工作人员操作。⑤强电、弱电应该分开走线，注意屏蔽层的连接，防止干扰的窜入。电气元器件的布置应考虑安装间隙，并尽可能做到整齐、美观。

（二）安装接线图

表示成套装置、设备、电气元件的连接关系，用以进行安装接线、检查、试验与维修的一种简图或表格，称为接线图或接线表。

接线图主要用于表示电气装置内部元件之间及其外部其他装置之间的连接关系，它是便于制作、安装及维修人员接线和检查的一种简图或表格。

安装接线图应遵守的原则如下：①电气接线图必须保证电气原理图中各电气设备和控制元件动作原理的实现。②电气接线图只标明电气设备和控制元件之间的相互连接线路而不标明电气设备和控制元件的动作原理。③电气接线图中的控制元件位置要依据它所在实际位置绘制。④电气接线图中各电气设备和控制元件要按照国家标准规定的电气图形符号绘制。⑤电气接线图中的各电气设备和控制元件，其具体型号可标在每个控制元件图形旁边，或者画表格说明。⑥实际电气设备和控制元件结构都很复杂，画接线图时，要画图形符号。

第五章　直流稳压电源的应用

第一节　半导体器件的识别及测试

一、半导体二极管的识别及测试

（一）PN 结的形成及单向导电性

1. PN 结的形成

（1）半导体材料

导体：自然界中电阻率小、导电能力强的物质称为导体，金属一般都是导体。

绝缘体：有的物质几乎不导电，称为绝缘体，如橡皮、陶瓷、塑料和石英等。

半导体：导电特性处于导体和绝缘体之间，称为半导体，如锗、硅、砷化镓和一些硫化物、氧化物等。

①掺杂性

往纯净的半导体中掺入某些杂质，会使它的导电能力明显变化，其原因是掺杂半导体的某种载流子浓度大大增加。

②热敏性和光敏性

当受外界热和光的作用时，半导体的导电能力明显变化。

N 型半导体：自由电子浓度大大增加的杂质半导体，也称为电子半导体。

形成机理：在硅或锗晶体中掺入少量的 5 价元素磷，晶体中的某些半导体原子被杂质取代，磷原子的最外层有 5 个价电子，其中 4 个与相邻的半导体原子形成共价键，必定多出一个电子，这个电子几乎不受束缚，很容易被激发而成为自由电子，这样磷原子就成了不能移动的带正电的离子。

由磷原子提供的自由电子，浓度与磷原子相同，N 型半导体主要依靠自由电子导电。

P 型半导体：空穴浓度大大增加的杂质半导体，也称为空穴半导体。

形成机理：在硅或锗晶体中掺入少量的3价元素，如硼，晶体点阵中的某些半导体原子被杂质取代，硼原子的最外层有3个价电子，与相邻的半导体原子形成共价键时产生一个空穴。这个空穴可能吸引束缚电子来填补，使得硼原子成为不能移动的带负电的离子。

由硼原子提供的空穴，浓度与硼原子相同，P型半导体主要依靠空穴导电。

（2）PN结的形成

在同一片半导体基片上，分别制造P型半导体和N型半导体，为便于理解，图中P区仅画出空穴（多数载流子）和得到一个电子的3价杂质负离子，N区仅画出自由电子（多数载流子）和失去一个电子的5价杂质正离子。根据扩散原理，空穴要从浓度高的P区向N区扩散，自由电子要从浓度高的N区向P区扩散，并在交界面发生复合（耗尽），形成载流子极少的正负空间电荷区，也就是PN结，又叫耗尽层。正负空间电荷在交界面两侧形成一个由N区指向P区的电场，称为内电场，它对多数载流子的扩散运动起阻挡作用，所以空间电荷区又称为阻挡层。同时，内电场对少数载流子（P区的自由电子和N区的空穴）则可推动它们越过空间电荷区，这种少数载流子在内电场作用下有规则的运动称为漂移运动。

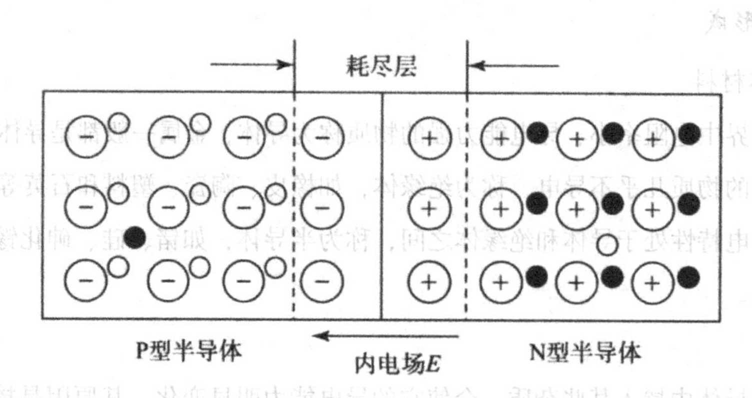

图5-1　PN结的形成

扩散和漂移是相互联系、相互矛盾的。在一定条件下（如温度一定），多数载流子的扩散运动逐渐减弱，而少数载流子的漂移运动则逐渐增强，最后两者达到动态平衡，空间电荷区的宽度基本上稳定下来，PN结就处于相对稳定的状态。

PN结是构成各种半导体器件的基础。

2. PN结的单向导电性

如果在PN结上加正向电压，外电场与内电场的方向相反，扩散与漂移运动的平衡被破坏。外电场驱使P区的空穴进入空间电荷区抵消一部分负空间电荷，同时N区的自由电子进入空间电荷区抵消一部分正空间电荷，于是空间电荷区变窄，内电场被削弱，多数载流子的扩散运动增强，形成较大的扩散电流（由P区流向N区的正向电流）。在一定范围

内，外电场越强，正向电流越大，这时 PN 结呈现的电阻很低，即 PN 结处于导通状态。

如果在 PN 结上加反向电压，外电场与内电场的方向一致，扩散与漂移运动的平衡同样被破坏。外电场驱使空间电荷区两侧的空穴和自由电子移走，于是空间电荷区变宽，内电场增强，使多数载流子的扩散运动难以进行，同时加强了少数载流子的漂移运动，形成由 N 区流向 P 区的反向电流。由于少数载流子数量很少，因此反向电流不大，PN 结的反向电阻很高，即 PN 结处于截止状态。

由以上分析可知，PN 结具有单向导电性，这是 PN 结构成半导体器件的基础。

（二）二极管的结构、特性及应用

1. 二极管的基本结构

如图 5-2 所示，PN 结加上管壳和引线，就成为半导体二极管，根据 PN 结的结合面的大小，有点接触型［图 5-2（a）］和面接触型［图 5-2（b）］两种。点接触型二极管的 PN 结的结电容容量小，适用于高频电路，不能用于大电流和整流电路，因为构造简单，所以价格便宜，用于小信号的检波、调制、混频和限幅等一般用途；面接触型二极管的 PN 结面积较大，允许通过较大的电流，主要用于把交流电变换成直流电的“整流”电路中。

二极管电路符号如图 5-2（c）所示。

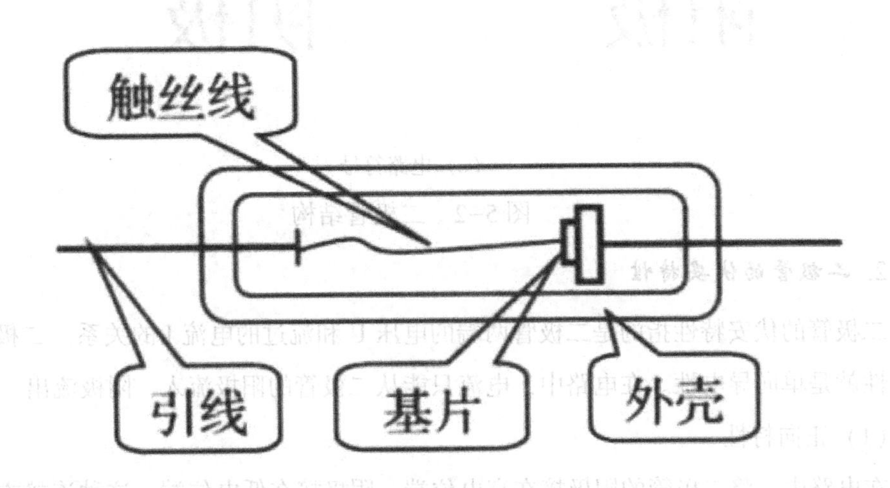

（a）点接触型

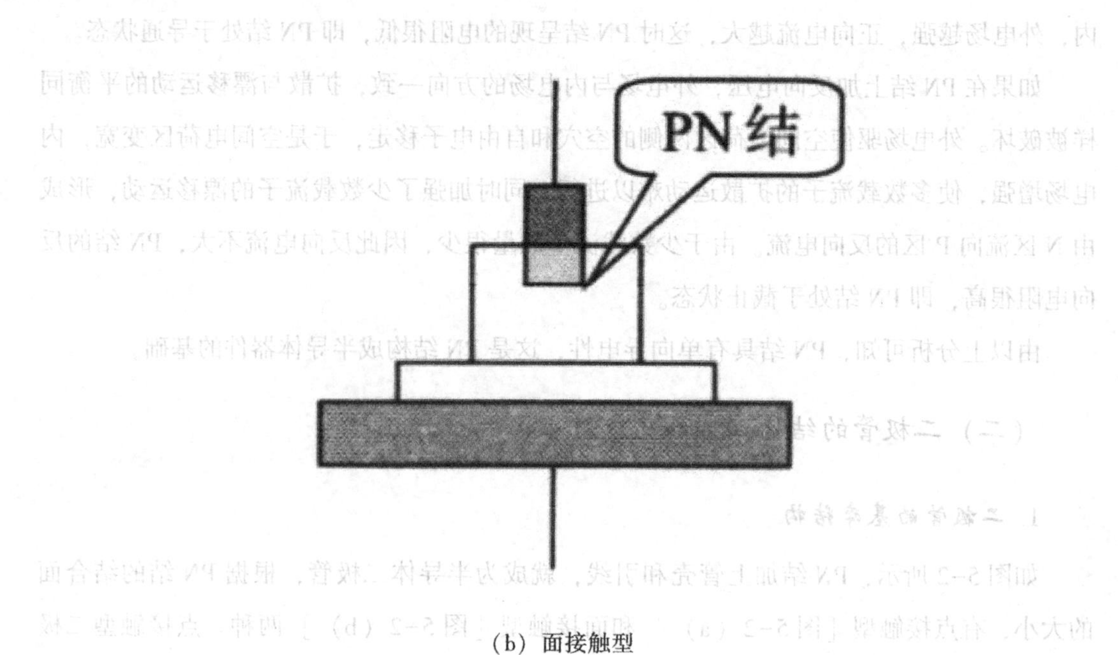

（b）面接触型

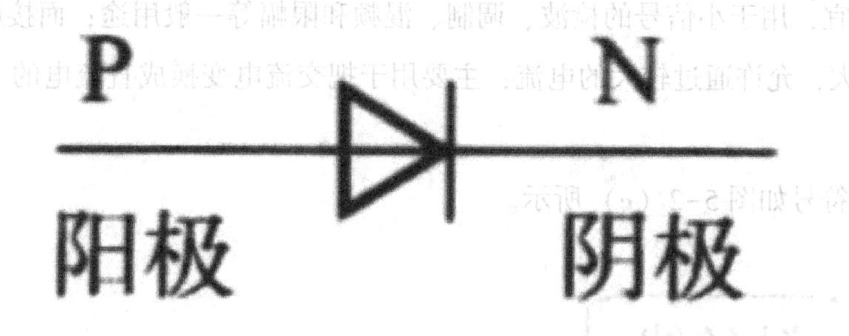

（c）电路符号

图 5-2　二极管结构

2. **二极管的伏安特性**

二极管的伏安特性指的是二极管两端的电压 U 和流过的电流 I 的关系。二极管最重要的特性就是单向导电性。在电路中，电流只能从二极管的阳极流入，阴极流出。

（1）正向特性

在电路中，将二极管的阳极接在高电位端，阴极接在低电位端，这种连接方式称为正向偏置。必须说明，当加在二极管两端的正向电压很小时，二极管仍然不能导通，流过二极管的正向电流十分微弱。只有当正向电压达到某一数值（这一数值称为“死区电压”，锗管约为 0.1V，硅管约为 0.5V）以后，二极管才能导通。导通后二极管两端的电压基本上保持不变（锗管为 0.2~0.3V，硅管为 0.6~0.7V），称为二极管的正向压降。

（2）反向特性

在电路中，二极管的阳极接在低电位端，阴极接在高电位端，此时二极管中几乎没有电流流过，处于截止状态，这种连接方式称为反向偏置。二极管处于反向偏置时，仍然会有微弱的反向电流流过二极管，称为漏电流。当二极管两端的反向电压增大到某一数值，反向电流会急剧增大，二极管将失去单向导电的特性，这种状态称为二极管的击穿。

3. 二极管的类型

二极管种类很多，按照所用半导体材料的不同，可分为锗二极管（Ce 管）和硅二极管（Si 管）。根据其不同用途，可分为整流二极管、稳压二极管、发光二极管、光电二极管、开关二极管、变容二极管等。

4. 二极管的主要参数

（1）最大整流电流 I_F

它是指二极管长期连续工作时允许通过的最大正向平均电流，其值与 PN 结面积及外部散热条件等有关。因为电流通过管子时会使管芯发热，温度上升，当温度超过允许限度（硅管为 141℃左右，锗管为 90℃左右）时，就会使管芯过热而损坏。所以在规定散热条件下，二极管使用中不要超过二极管最大整流电流值，如常用的 1N4001 ~ 1N4007 型硅二极管的额定正向工作电流为 1A。

（2）最高反向工作电压 U_{DRM}

加在二极管两端的反向电压高到一定值时，会将管子击穿，失去单向导电能力，如 1N4007 反向击穿电压为 1000V。为了保证使用安全，规定了最高反向工作电压值，一般取反向击穿电压的一半。

（3）反向电流 I_{DRM}

反向电流是指二极管在规定的温度和最高反向电压作用下，流过二极管的反向电流。反向电流越小，管子的单向导电性能越好。值得注意的是，反向电流与温度有着密切的关系，大约温度每升高 10℃，反向电流增大一倍，硅二极管比锗二极管在高温下具有较好的稳定性。

（4）最高工作频率 f_M

它指二极管工作的上限频率，超过此值时，由于结电容的作用，二极管将不能很好地体现单向导电性。

5. 二极管的应用

（1）整流二极管

利用二极管的单向导电性，可以把方向交替变化的交流电变换成单一方向的直流电。

（2）开关元件

二极管在正向电压作用下电阻很小，处于导通状态，相当于一只接通的开关；在反向电压作用下，电阻很大，处于截止状态，如同一只断开的开关。利用二极管的开关特性，可以组成各种逻辑电路。

（3）限幅元件

二极管正向导通后，它的正向压降基本保持不变（硅管为0.6~0.7V，锗管为0.2~0.3V）。利用这一特性，在电路中作为限幅元件，可以把电压信号的幅度限制在一定范围内。

（4）续流二极管

在开关电源的电感中和继电器等感性负载中起续流作用。

（5）检波二极管

如在收音机中起检波作用等。

（6）变容二极管

如使用于电视机的高频头中的调谐电路等。

（7）显示元件

如用于大屏幕电视墙等。

（二）二极管极性及性能测试

1. 外观判别二极管极性

二极管的极性一般都标注在其外壳上，有时会将二极管的图形直接画在其外壳上。

①如果二极管引线是轴向引出的，则会在其外壳上标出色环（色点），有色环（色点）的一端为二极管的阴极端，若二极管是透明玻璃壳，则可直接看出极性，即二极管内部连触丝的一端为阳极。②如果二极管引线是横向引出的，则长管脚为二极管的阳极，短管脚为二极管的阴极。

2. 二极管的特性测试和性能判断

（1）二极管的特性测试

①电路图

二极管测试电路如图5-3所示。

②操作步骤：

让每组学生按照图5-3所示进行接线；观察电路中灯亮与灯灭时二极管上所加电压的极性，将结果填入表5-1中。

③实验结果

将观察结果填入表5-1中。

表5-1 记录观察结果

二极管偏置情况	灯的状态	分析结果

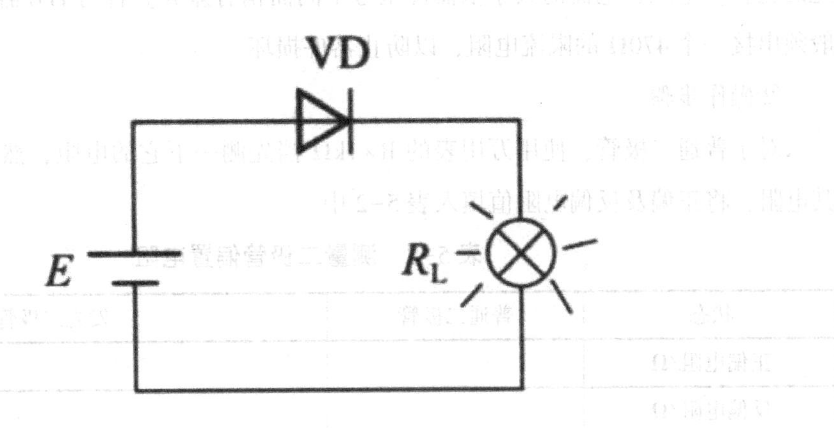

（a）正偏导通；

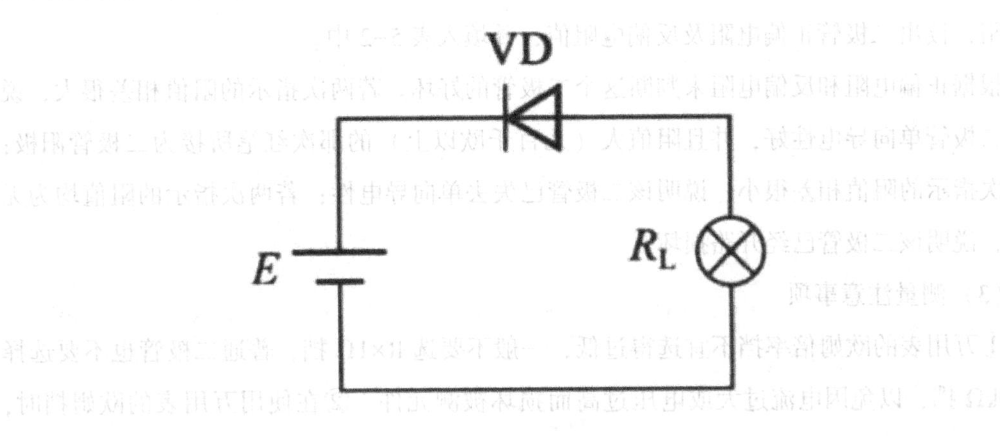

（b）反偏截止

图5-3　二极管测试电路

（2）二极管极性的识别和性能的粗略判断

①实验内容

普通二极管：借助万用表的欧姆挡做简单判别。

指针式万用表正端（+）红表笔接表内电池负极，而负端（-）黑表笔接表内电池的正极。根据PN结正向导通电阻值小、反向截止电阻值大的原理来简单确定二极管性能好坏和极性。

发光二极管：发光二极管通常是用砷化镓、磷化镓等制成的一种新型器件，它具有工作电压低、耗电少、响应速度快、抗冲击、耐振动、性能好以及轻而小的特点。

发光二极管和普通二极管一样具有单向导电性，正向导通时才能发光。发光二极管发光颜色有多种，如红、绿、黄等，形状有圆形和长方形等。发光二极管在出厂时，一根引线做得比另一根引线长，通常，较长引线表示阳极（+），另一根为阴极（-）。普通发光二极管正向工作电压一般在1.5~3V内，允许通过的电流为2~20mA，电流的大小决定发光的亮度。电压、电流的大小依器件型号不同而稍有差异。若与ITL器件连接使用时，一般须串接一个470Ω的限流电阻，以防止器件损坏。

②操作步骤

对于普通二极管，使用万用表的R×1kΩ挡先测一下它的电阻，然后再反接两管脚测其电阻，将正偏及反偏电阻值填入表5-2中。

表5-2　测量二极管偏置电阻

状态	普通二极管	发光二极管
正偏电阻/Ω		
反偏电阻/Ω		

对于发光二极管，使用万用表的R×1kΩ挡先测一下它的电阻，然后再反接两管脚测其电阻，读出二极管正偏电阻及反偏电阻值，并填入表5-2中。

根据正偏电阻和反偏电阻来判断这个二极管的好坏。若两次指示的阻值相差很大，说明该二极管单向导电性好，并且阻值大（几百千欧以上）的那次红笔所接为二极管阳极；若两次指示的阻值相差很小，说明该二极管已失去单向导电性；若两次指示的阻值均为无穷大，说明该二极管已经开路损坏。

（3）测量注意事项

①万用表的欧姆倍率挡不宜选得过低，一般不要选R×1Ω挡，普通二极管也不要选择R×10kΩ挡，以免因电流过大或电压过高而损坏被测元件。②在使用万用表的欧姆挡时，每次更换倍率挡后都要进行欧姆调零。③测量时，手不要同时接触两个引脚，以免人体电阻的介入影响到测量的准确性。

二、二极管极性及性能测试

（一）半导体三极管的结构及分类

1. 结构外形

三极管的基本结构是在一块半导体基片上，用一定的工艺方法形成两个PN结。

两个PN结：发射结—发射区与基区之间形成的PN结；集电结—集电区与基区之间形成的PN结。

3个区：发射区、基区、集电区。

3个电极：发射极e（或E）、基极b（或B）和集电极c（或C）。

半导体三极有两种类型，即NPN型和PNP型。

2. 分类

按三极管所用的半导体材料可将其分为硅管和锗管；按功率大小可分为大、中、小功率管；按频率特性可分为低频管和高频管等。

（二）三极管的电流分配与放大作用

如图5-4所示电路，I_B 所经过的回路称为输入回路，I_C 所经过的回路称为输出回路，两个回路的公共端是三极管的发射极E，所以上述电路称为共发射极电路，简称共射极电路。改变电位器心的大小，从实验结果可以看到以下现象：

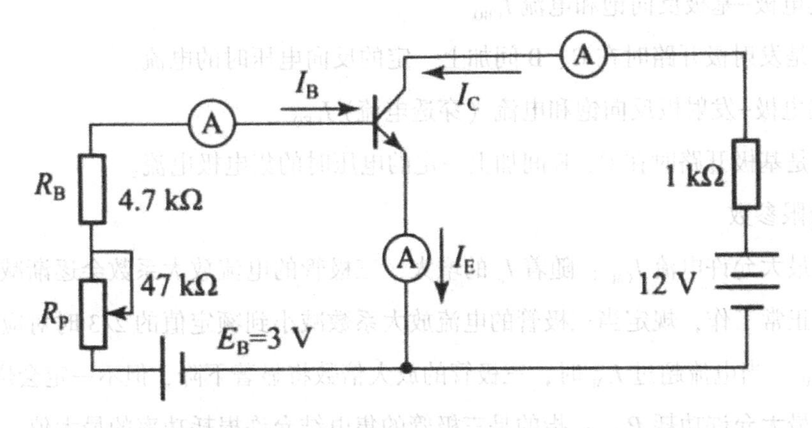

图5-4 电路

3个电流符合基尔霍夫电流定律，即：

$I_E = I_B + I_C$

I_B、I_C 的关系：对一个确定的三极管，I_C 和 I_B 的比值基本不变，$\bar{\beta} = \frac{I_C}{I_B} > 1$，称为三极管的直流电流放大系数。

当输入电流 I_B 有一个微小的变化时，输出电流 I_C 就有一个较大的变化。这种大电流 I_C 随小电流 I_B 的变化而变化的过程，称为三极管的电流放大作用。$\beta = \frac{\Delta I_C}{\Delta I_B}$ 称为交流电流放大。

（三）三极管的主要参数及选用

三极管的参数反映了三极管各种性能指标，是分析三极管电路和选用三极管的依据。

1. 主要参数

（1）电流放大系数

三极管在共射极接法时的电流放大系数，根据工作状态的不同，直流状态下用符号 $\bar{\beta}$ 表示，其中 $\bar{\beta}=\dfrac{I_C}{I_B}$。

上式表明，三极管集电极的直流电流 I_c 与基极的直流电流 I_B 的比值，就是三极管接成共射极电路时的直流电流放大系数，有时用 h_{FE} 来代表。

但是，三极管常工作在交流信号输入的情况下，这时基极电流产生一个变化量，相应的集电极电流变化量与之比称为三极管的交流电流放大系数，记作 $\beta=\dfrac{\Delta I_C}{\Delta I_B}$。

（2）集电极-基极反向饱和电流 I_{CBO}

它指的是发射极开路时在 C、B 间加上一定的反向电压时的电流。

（3）集电极-发射极反向饱和电流（穿透电流）I_{CEO}

它指的是基极开路时在 C、E 间加上一定的电压时的集电极电流。

（4）极限参数

集电极最大允许电流 I_{CM}：随着 I_c 的增大，三极管的电流放大系数会逐渐减小，为保证三极管的正常工作，规定当三极管的电流放大系数减小到额定值的 2/3 时对应的集电极电流作为 I_{CM}。当电流超过 I_{CM} 时，三极管的放大倍数将显著下降，但不一定会烧毁。

集电极最大允许功耗 P_{CM}：指的是三极管的集电结允许损耗功率的最大值，超过此值时三极管极易烧毁。

反向击穿电压 $U_{(BR)CEO}$：指的是基极开路时在 C、E 间的反向击穿电压。

2. 晶体三极管的选择注意事项

①根据使用条件选择 P_{CM} 在安全工作区域的管子，并满足适当的散热要求。②要注意工作时的反向电压，特别是 U_{CE} 不应超过击穿电压 $U_{(BR)CEO}$ 的 1/2。③要注意工作时的最大集电极电流 I_C 不应超过 I_{CM}。④要根据使用要求（是小功率还是大功率，低频、高频还是超高频，工作电源的极性，β 值大小要求等）选择三极管。

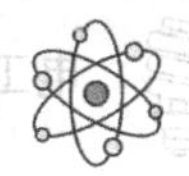

三、晶闸管的识别及测试

（一）晶闸管的结构与封装

1. 外形

有多种封装形式，对于螺栓形封装，通常螺栓是其阳极，能与散热器紧密连接且安装方便，平板型封装的晶闸管可由两个散热器将其夹在中间。

2. 结构和图形符号

如图 5-5（b）所示，它是由 4 层半导体材料组成的，有 3 个 PN 结，对外有 3 个电极，第一层 P 型半导体引出的电极叫阳极 A，第三层 P 型半导体引出的电极叫门极（控制极）G，第四层 N 型半导体引出的电极叫阴极 K。从晶闸管的电路符号图 5-5（a）可以看到，它就像二极管，也是一种单方向导电的器件，关键是多了一个控制极 G，这就使它具有与二极管完全不同的工作特性。

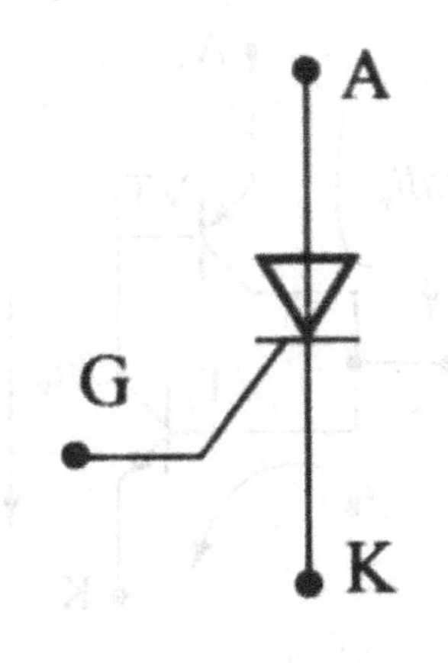

（a）

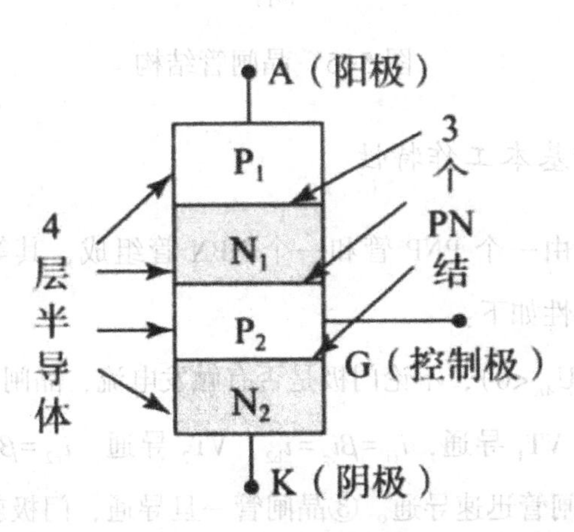

（b）

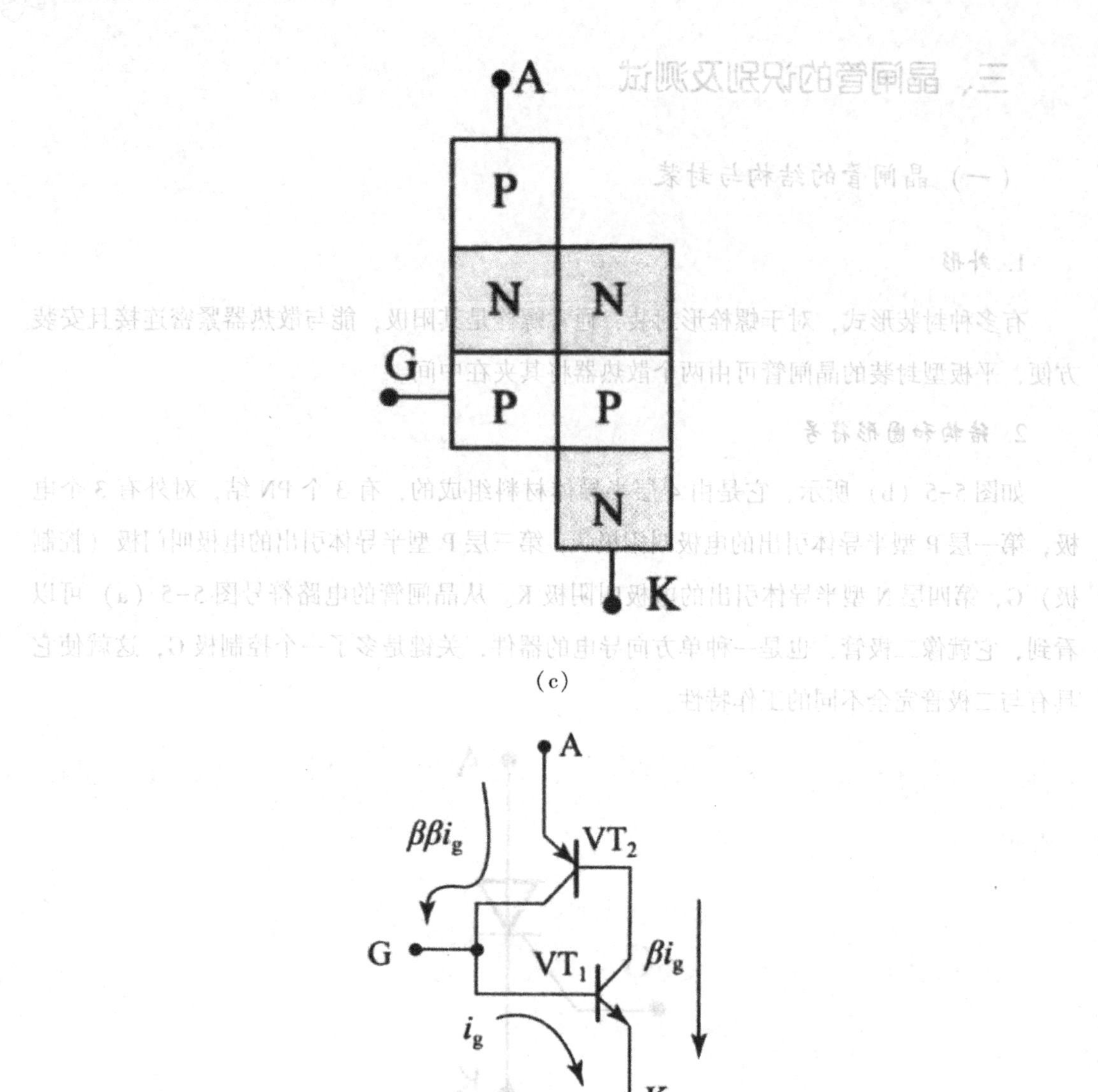

(c)

(d)

图 5-5 晶闸管结构

(二) 晶闸管的基本工作特性

可以把晶闸管看作由一个 PNP 管和一个 NPN 管组成，其等效电路如图 5-5（c）、（d）所示，基本工作特性如下：

①加反向电压时（U_{AK}<0），不论门极是否有触发电流，晶闸管都不会导通。②当 U_{AK}>0，U_{GK}>0 时，$i_{b1}=i_g$，VT_1 导通，$i_{c1}=\beta i_g=i_{b2}$，VT_2 导通，$i_{c2}=\beta i_{h2}=\beta\beta i_g=i_{b1}$，VT1 进一步导通，形成正反馈，晶闸管迅速导通。③晶闸管一旦导通，门极就失去控制作用，去掉门极信号，晶闸管保持导通状态。④要使晶闸管关断，必须使通过晶闸管的电流降到维持电

流 I_H 以下；降低电流的主要方法，一是降低回路电压，二是增加回路电阻。

（三）晶闸管的种类

晶闸管有多种分类方法。

1. 按关断、导通及控制方式分类

按关断、导通及控制方式分类，可分为普通晶闸管、双向晶闸管、逆导晶闸管、门极关断晶闸管（GTO）、BTG 晶闸管、温控晶闸管和光控晶闸管等多种。

2. 按引脚和极性分类

按引脚和极性分类，可分为二极晶闸管、三极晶闸管和四极晶闸管。

3. 按封装形式分类

按封装形式分类，可分为金属封装晶闸管、塑封晶闸管和陶瓷封装晶闸管 3 种类型。其中，金属封装晶闸管又分为螺栓形、平板形、圆壳形等多种；塑封晶闸管又分为带散热片型和不带散热片型两种。

4. 按电流容量分类

按电流容量分类，可分为大功率晶闸管、中功率晶闸管和小功率晶闸管 3 种。通常，大功率晶闸管多采用金属壳封装，而中、小功率晶闸管则多采用塑封或陶瓷封装。

5. 按关断速度分类

按关断速度分类，可分为普通晶闸管和高频（快速）晶闸管。

（四）晶闸管的参数

了解晶闸管的主要参数对正确使用晶闸管有重要意义。

1. 额定通态平均电流 I_F

在一定条件下，阳极–阴极间可以连续通过的 50Hz 正弦半波电流的平均值。

2. 正向阻断峰值电压 U_{DRM}

在控制极开路未加触发信号，晶闸管处于正向阻断时，允许加在 A、K 极间最大的峰值电压，此电压约为正向转折电压减去 100V 后的电压值。

3. 反向阻断峰值电压 U_{RRM}

当可控硅加反向电压，处于反向关断状态时，可以重复加在可控硅 A、K 极间的最大反向峰值电压，此电压约为反向击穿电压减去 100V 后的电压值。

4. **控制极触发电流 I_G、触发电压 U_G**

在规定的环境温度下，阳极-阴极间加有一定电压时，可控硅从关断状态转为导通状态所需要的最小控制极电流和电压。

5. **维持电流 I_H**

在规定温度下，控制极断路，维持可控硅导通所必需的最小阳极正向电流。

（五）晶闸管使用注意事项

①选用可控硅的额定电压时，应参考实际工作条件下的峰值电压的大小，并留出一定的余量。②选用可控硅的额定电流时，除了考虑通过元件的平均电流外，还应注意正常工作时导通角的大小、散热通风条件等因素，工作中还应注意管壳温度不超过相应电流下的允许值。③使用可控硅之前，应该用万用表检查可控硅是否良好，发现有短路或断路现象时应立即更换。④严禁用兆欧表（摇表）检查元件的绝缘情况。⑤电流为 5A 以上的可控硅要装散热器，并且保证所规定的冷却条件。为保证散热器与可控硅管芯接触良好，它们之间应涂上一薄层有机硅油或硅脂，以帮助良好散热。⑥按规定对主电路中的可控硅采用过压及过流保护装置。

第二节　放大电路的调试及测量

一、共发射极放大电路静态工作点的调试

（一）基本共射极放大电路

如图 5-6 所示，电路交变信号从三极管 VT 的基极和发射极输入，放大后的信号从其集电极和发射极输出，信号输入、输出共用发射极，称为共射极放大电路。

1. **电路结构及各元件的作用**

三极管 VT，具有电流放大作用，是放大器的核心元件，不同的三极管有不同的放大系数。产生放大作用的外部条件是：发射结为正向电压偏置，集电结为反向电压偏置。

集电极直流电源 E_C，确保三极管工作在放大状态，同时为电路提供电能。

集电极负载电阻 R_C，将三极管集电极电流的变化转变为电压变化，以实现电压放大。

基极偏置电阻 R_B，为放大电路提供基极偏置电压和偏置电流，确定三极管合适的静

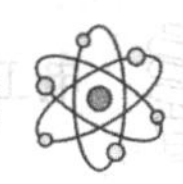

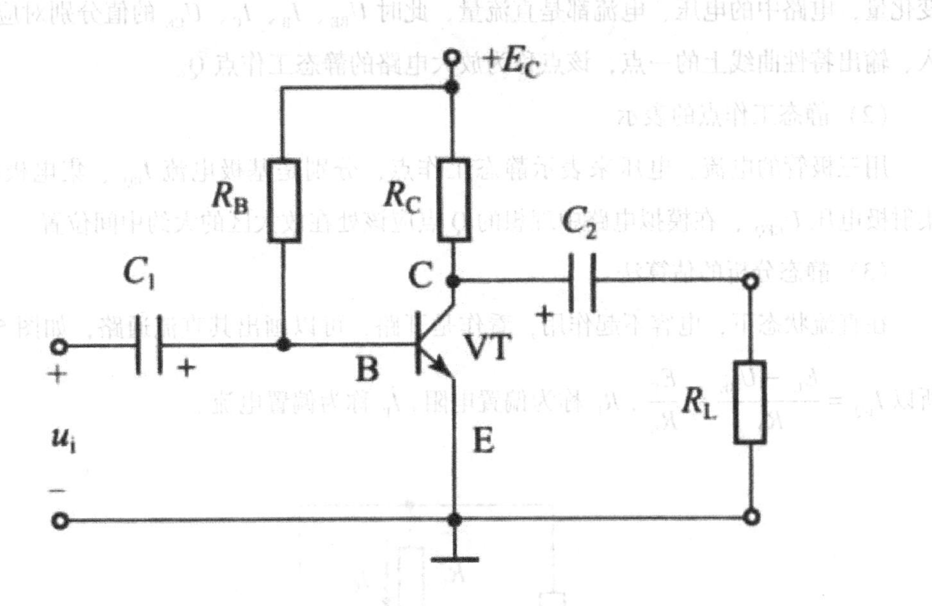

图 5-6 共射极放大电路

态工作点。

耦合电容 C_1 和 C_2，电容 C_1 和 C_2 具有通交流的作用，交流信号在放大器之间的传递叫耦合，C_1 和 C_2 正是起到这种作用，所以叫作耦合电容。C_1 为输入耦合电容，C_2 为输出耦合电容。

电容 C_1 和 C_2 还具有隔直流的作用，因为有 C_1 和 C_2，放大器的直流电压和直流电流才不会受到信号源和输出负载的影响。

2. 放大电路的工作原理

u_i 直接加在三极管 VT 的基极和发射极之间，引起基极电流 i_B 做相应的变化。

通过三极管 VT 的电流放大作用，VT 的集电极电流 i_C 也随之变化。

i_C 的变化引起 R_C 上电压的变化，从而引起 VT 的集电极和发射极之间的电压 u_{CE} 变化。

u_{CE} 中的交流分量 u_{CE} 经过 G2 畅通地传送给负载 R_L，成为输出交流电压实现了电压放大作用。

3. 基本共射极放大电路的静态分析

在上面的放大电路中，既有交流信号也有直流信号，为了便于分析和理解，分别对这两种信号在放大电路中的作用进行分析，先来学习只有直流信号作用时的放大电路，这种状态叫静态。

（1）静态的概念

即当输入信号电压 u_i = 0 时放大电路的状态，或称为直流工作状态。这时电路中没有变化量，电路中的电压、电流都是直流量，此时 U_{BE}、I_B、I_C、U_{CE} 的值分别对应三极管输入、输出特性曲线上的一点，该点称为放大电路的静态工作点 Q。

（2）静态工作点的表示

用三极管的电流、电压来表示静态工作点，分别是基极电流 I_{BQ}、集电极电流 I_{CQ}、集射极电压 U_{CEQ}，在模拟电路中理想的 Q 点应该处在放大区的大约中间位置。

（3）静态分析的估算法

在直流状态下，电容不起作用，看作是开路，可以画出其直流通路，如图 5-7 所示，所以 $I_{BQ}=\frac{E_C-U_{BE}}{R_B}\approx\frac{E_C}{R_B}$，$R_B$ 称为偏置电阻，I_B 称为偏置电流。

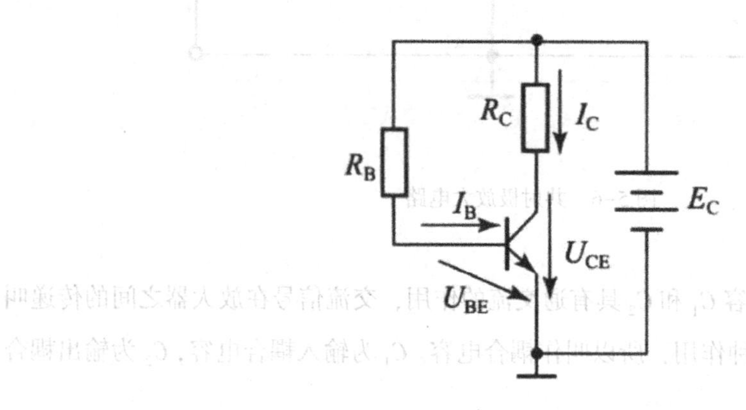

图 5-7 直流通路

$$I_{CQ}=\beta I_{BQ}+I_{CEO}\approx\beta I_{BQ}$$

$$U_{CEQ}=E_C-I_{CQ}R_C$$

U_{BE} 的取值：硅管取 0.7V，锗管取 0.3V，理想三极管取 0V。

以上是计算静态工作点的估算公式，根据估算的数值可以在三极管输入、输出特性曲线上找出该点，观察点位置是否合适。

（二）分压偏置放大电路

1. 电路结构及各元件的作用

如图 5-8（a）所示电路，基极偏置电阻由上偏置电阻 R_{B1} 和下偏置电阻 R_{B2} 组成，发射极接有负反馈电阻 R_E 和旁路电容 C_E，上、下偏置电阻分压使得三极管基极电位基本恒定不变，与负反馈电阻 R_E 共同作用起到稳定放大电路工作状态的作用。发射极的交流信号电流流经 C_E，减小了 R_E 对信号的损耗。

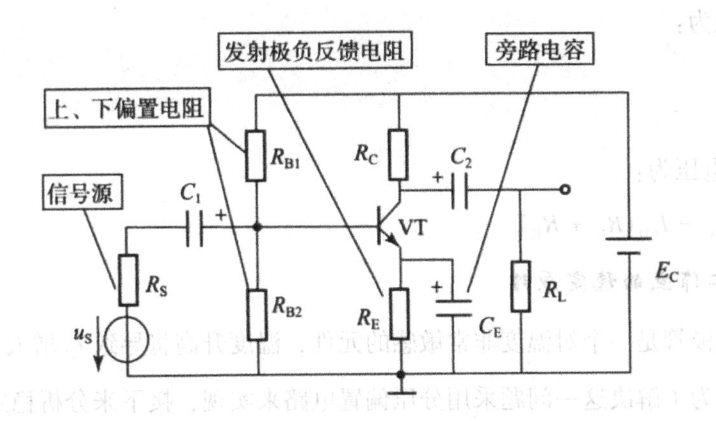

（a）分压偏置放大电路

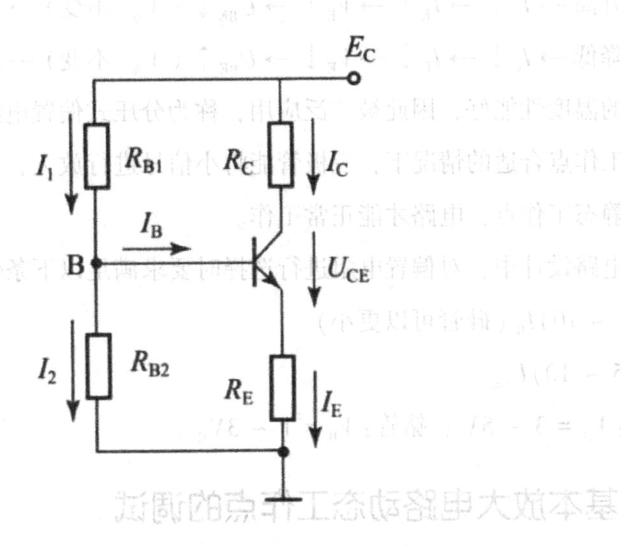

（b）直流通路

图 5-8　分压偏置放大电路

2. 静态工作点的确定

对于设计好的电路均能满足 $I_1 \gg I_B$，$I_2 \gg I_B$，I_B 可忽略不计，可以认为 $I_1 \approx I_2$，所以基极 B 的电位为：

$$V_B = \frac{R_{B2}}{R_{B1} + R_{B2}} E_C$$

发射极电位为：

$$V_E = V_B - U_{BE}$$

集电极电流为：

$$I_{EQ} \approx I_{CQ} = \frac{V_E}{R_E}$$

基极电流为：

$$I_{BQ}=\frac{I_{CQ}}{\beta}$$

C、E 间电压为：

$$U_{CEQ}\approx E_C-I_{CQ}(R_C+R_E)$$

3. 静态工作点的稳定原理

半导体三极管是一个对温度非常敏感的元件，温度升高将导致 I_C 增大，Q 点上移，波形容易失真，为了解决这一问题采用分压偏置电路来实现，接下来分析稳定静态工作点的原理。

当温度升高 $\rightarrow I_C\uparrow\rightarrow I_E\uparrow\rightarrow V_E\uparrow\rightarrow U_{BE}\downarrow$（$V_{\S\delta}$ 不变）$\rightarrow I_B\downarrow\rightarrow I_C\downarrow$ 。

当温度降低 $\rightarrow I_C\downarrow\rightarrow I_E\downarrow\rightarrow V_E\downarrow\rightarrow U_{BE}\uparrow$（$V_{\S\delta}$ 不变）$\rightarrow I_B\uparrow\rightarrow I_C\uparrow$ 。

该电路的温度性能好，因此被广泛应用，称为分压式偏置电路。

在静态工作点合适的情况下，三极管能将小信号进行放大，要想静态工作点合适，必须先调节好静态工作点，电路才能正常工作。

在工程电路设计中，对偏置电阻进行选择时要求满足以下条件：

$I_2\geqslant(5\sim10)I_B$（硅管可以更小）

$V_B\geqslant(5\sim10)U_{BE}$

对硅管：$V_B=3\sim5V$；锗管：$V_B=1\sim3V_C$ 。

二、基本放大电路动态工作点的调试

（一）放大电路的动态分析

1. 放大电路的微变等效电路

晶体管放大电路有交流信号通过时的工作状态，称为动态，动态分析的第一步是画出交流通路，图 5-9（a）所示电路的交流通路如图 5-9（b）所示。

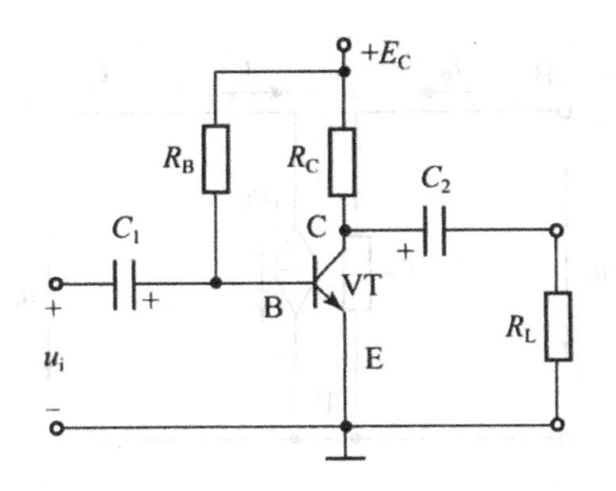

（a）共射极放大电路

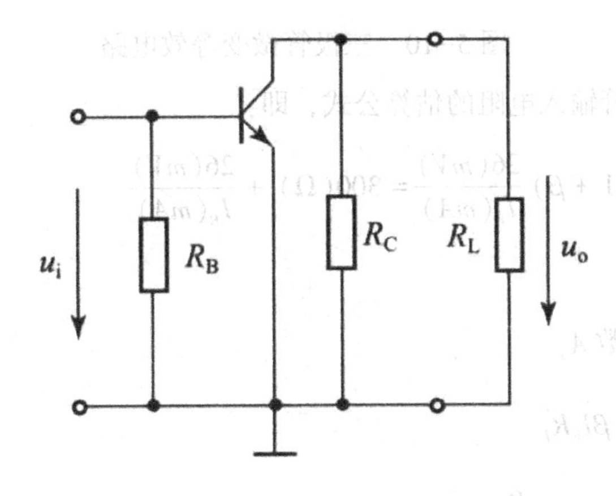

（b）交流通路

图 5-9　共射极放大电路及其交流通路

电流 i_c 受 i_b 控制，i_c 是 i_b 的 β 倍，为了便于分析，当输入信号变化的范围很小（微变）时，可以认为三极管电压、电流变化量之间的关系基本上是线性的，即在一个很小的范围内，输入特性、输出特性均可近似看作是一段直线。因此，就可给三极管建立一个小信号的线性模型，这就是微变等效电路。利用微变等效电路，可以将含有非线性元件（三极管）的放大电路转化成为熟悉的线性电路，因此可以将图 5-10（a）中的三极管等效为图 5-10（b）所示电路。

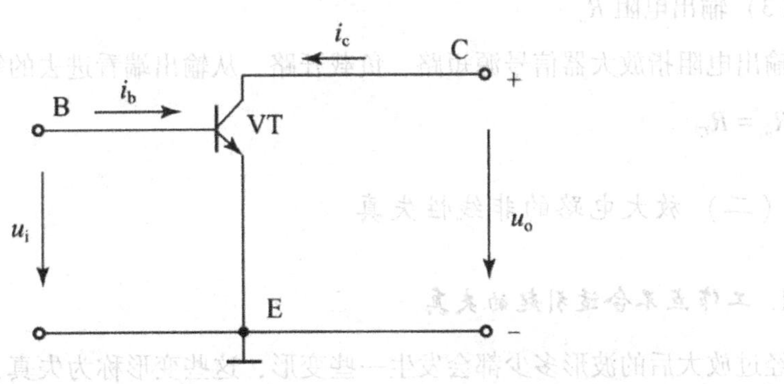

（a）交流通路

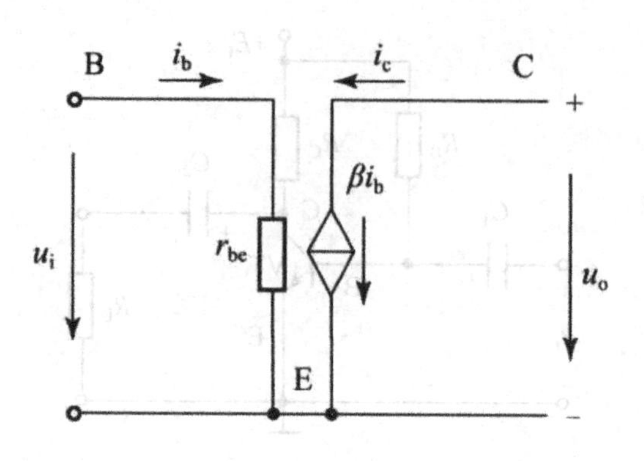

(b) 微变等效电路

图 5-10　三极管微变等效电路

在此处引入晶体管输入电阻的估算公式，即：

$$r_{be} = 300(\Omega) + (1+\beta)\frac{26(mV)}{I_E(mA)} = 300(\Omega) + \frac{26(mV)}{I_B(mA)}$$

2. 动态参数计算

（1）电压放大倍数 A_u

$$\dot{U}_i = \dot{I}_b r_{be} \quad \dot{U}_o = -\beta \dot{I}_b R_L^{'}$$

$$A_u = \frac{\dot{U}_a}{\dot{U}_i} = \frac{-\beta \dot{I}_b R_L^{'}}{\dot{I}_b r_{be}} = -\beta \frac{R_L^{'}}{r_{be}}$$

$$R_L^{'} = R_L // R_C$$

（2）输入电阻 R_i

输入电阻指从放大电路输入端看进去的等效电阻，定义为：

$$R_i = \frac{\dot{U}_i}{\dot{I}_i} = R_B // r_{be} \approx r_{be}$$

（3）输出电阻 R_o

输出电阻指放大器信号源短路、负载开路，从输出端看进去的等效电阻，定义为：

$$R_o = R_C$$

（二）放大电路的非线性失真

1. 工作点不合适引起的失真

经过放大后的波形多少都会发生一些变形，这些变形称为失真，产生失真主要是由于静态工作点设置得不合理，另外就是由于三极管本身的原因造成的。

2. 输入信号幅值过大引起的双向失真

放大电路存在最大不失真输出电压幅值 U_{max}。

最大不失真输出电压：指当工作状态已定的前提下，逐渐增大输入信号，三极管尚未进入截止或饱和时，输出所能获得的最大不失真输出电压。如 U_i 增大首先进入饱和区，则最大不失真输出电压受饱和区限制；如首先进入截止区，则最大不失真输出电压受截止区限制，最大不失真输出电压值选取其中小的一个。

三、集成运算放大器的线性应用

（一）集成电路

1. 集成运放的结构

一般集成运放是由三级以上放大器组成的，第一级通常为差分放大作为输入级，再经中间级的电压放大，最后为输出级。

2. 集成运放的主要参数

（1）开环差模电压放大倍数 A_{od}

它指集成运放在无外加反馈回路的情况下的差模电压放大倍数，即 $A_{od}=\dfrac{u_o}{u_{id}}$。对于集成如运放而言，希望 A_{od} 大且稳定。

（2）最大输出电压 U_{OM}

输出端开路时，集成运放能输出的最大不失真电压。

（3）差模输入电阻 R_i

R_i 的大小反映了集成运放输入端向信号源索取电流的大小。要求 R_i 越大越好，一般集成运放 R_i 为几百千欧至几兆欧，故输入级常采用场效应管来提高输入电阻 R_i。

（4）输出电阻 R_o

R_o 的大小反映了集成运放在小信号输出时带负载的能力，有时只用最大输出电流 I_{omax} 表示它的极限负载能力。

3. 理想集成运放电路参数

（1）开环电压放大倍数 $A_{od}=\infty$。

（2）输入电阻 $R_i=\infty$。

（3）输入偏置电流 $I_{B1}=I_{B2}=0$。

（4）输出电阻 $R_o=0$。

4. 集成运放的特点

(1) 集成运放线性应用的条件和特点

当集成运放引入深度负反馈时，其工作在线性放大的条件下，输出和输入的关系为：

$u_o = A_{od}(u_+ - u_-)$

集成运放线性工作区的特点：虚短、虚断。

“虚短”的理解：集成运放同相输入端和反相输入端的电位近似相等，称为“虚短”，即：

$u_+ \approx u_-$

“虚断”的理解：集成运放同相输入端和反相输入端的电流趋于零，称为“虚断”，即：

$i_+ \approx i_- \approx 0$

(2) 集成运放非线性应用的特点和条件

当集成运放引入正反馈或处在开环状态时，只要在输入端输入很小的电压变化量，输出端输出的电压即为正最大输出电压 $+U_{OM}$ 或负最大输出电压 $-U_{OM}$。

集成运放非线性应用的特点如下：①输出电压只有两种可能的状态：正最大输出电压 $+U_{OM}$ 或负最大输出电压 $-U_{OM}$。当 $u_+ > u$ 时 $u = +U_{OM}$；当 $u_+ < u_-$ 时 $u_o = -U_{OM}$。②集成运放的输入电流等于零。

(二) 集成运放的线性应用

1. 反相比例运算放大电路

如图 5-11 所示电路，信号从反相端输入，通过负反馈电阻 R_f 将输出信号的一部分反馈到反相输入端，称为反相比例运算放大电路。

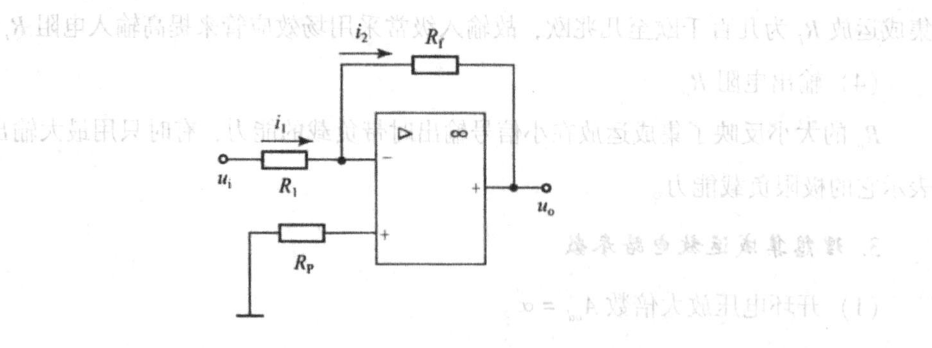

图 5-11 反相比例放大电路

根据理想集成运放虚断的特点，电阻 R_P 上的电流、电压为零，所以 $u_+ = 0$，根据虚短

的特点，$u_+ = u_- = 0$，又因为 $i_1 = i_2$，所以有：

$$\frac{u_i - 0}{R_1} = \frac{0 - u_o}{R_f}$$

可以推出

$$u_o = -\frac{R_f}{R_1} u_i$$

该式表明，输出电压的大小只跟 R_f 和 R_1 的比值有关，u_o 和 u_i 是比例关系，负号表示二者相位相反。电压放大倍数为：

$$A_u = \frac{u_o}{u_i} = -\frac{R_f}{R_1}$$

R_P 是平衡电阻，使输入端对地的静态电阻相等，保证静态时输入级的对称性，有：

$$R_P = R_1 // R_f$$

2. 同相比例运算放大电路

信号也可以从同相端输入，如图 5-12 所示电路称为同相比例运算放大电路。

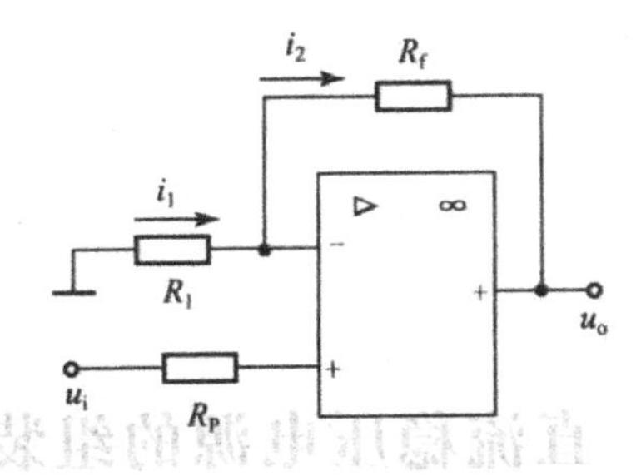

图 5-12　同相比例放大器

同样，根据理想集成运放虚断、虚短的特点，$u_+ = u_- = u_i$，且 $i_1 = i_2$，所以有：

$$\frac{0 - u_i}{R_1} = \frac{u_i - u_o}{R_f}$$

推导得：

$$u_o = \left(1 + \frac{R_f}{R_1}\right) u_i$$

放大倍数为：

$$A_u = \frac{u_o}{u_i} = 1 + \frac{R_f}{R_1}$$

3. 反相求和运算放大电路

如图 5-13 所示，两个信号都接到运放的反相端，这样的电路叫反相求和运算放大电路。

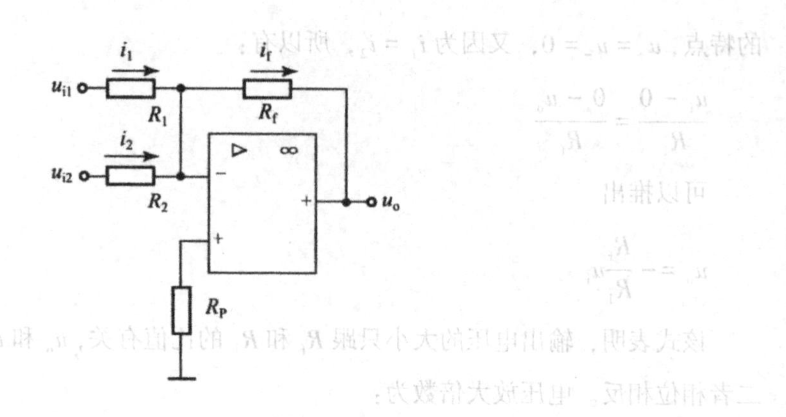

图 5-13　反相求和运算放大电路

根据 $i_1 + i_2 = i_f$ 可推得

$$u_o = -\left(\frac{R_f}{R_1}u_{i1} + \frac{R_f}{R_2}u_{i2}\right)$$

当 $R_1 = R_2 = R$ 时，有：

$$u_o = -\frac{R_f}{R}(u_{i1} + u_{i2})$$

当 $R_1 = R_2 = R_f$ 时，有：

$$u_0 = -(u_{i1} + u_{i2})$$

第三节　直流稳压电源的组装及调试

一、直流稳压电源的组成

（一）电路结构

直流稳压电源电路一般由变压、整流、滤波、稳压四部分电路组成。

（二）各部分功能

1. 电源变压器

一般情况下，负载所需要的直流电压 U_O 的数值较低，这就需要通过变压器将电网提供的交流电压 u_1 变换到适当的 u_2，然后再进行整流。

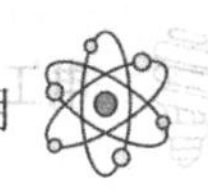

2. 整流电路

利用二极管的单向导电性把交流电变换为极性固定的直流电 u_3，称为脉动直流电。

3. 滤波电路

滤波电路用于滤除整流输出电压中的纹波，输出较平滑的直流电压 u_4。滤波电路一般由电抗、电容元件组成，如在负载电阻两端并联电容器 C，或与负载串联电感器 L，以及由电容、电感组合而成的各种复式滤波电路。

4. 稳压电路

由于电网电压（有效值）有时会产生波动，负载变化也会引起输出的直流电压 U_O 发生变化，稳压电路的作用就是在上述情况下使输出的直流电压保持稳定。

二、整流电路原理

（一）整流电路的性能指标

1. 整流输出电压的平均值 $U_{o(AV)}$

它指的是整流电路输出的单向脉动直流电压的平均值。

2. 整流二极管的正向平均电流 $I_{D(AV)}$

就是整流电路工作时流过二极管的正向平均电流，该值应小于二极管所允许的最大整流电流 I_F，以防止二极管过热烧毁。

3. 整流二极管所承受的最大反向电压 U_{RM}

整流电路实际工作时，加在整流二极管上的反向电压应该小于其最高反向工作电压 U_{RM}；否则，可能使二极管因反向击穿而损坏。

（二）单相半波整流电路的工作原理

1. 整流电路

单相半波整流电路是最简单的一种整流电路，电路组成及原理如图 5-14（a）所示。

2. 性能指标分析

（1）整流输出电压的平均值 $U_{o(AV)}$ 为：

$$U_{o(Av)} = \frac{1}{2\pi}\int_0^{\pi}\sqrt{2}U_2\sin\omega td(\omega t) = \frac{\sqrt{2}}{\pi}U_2 = 0.45U_2$$

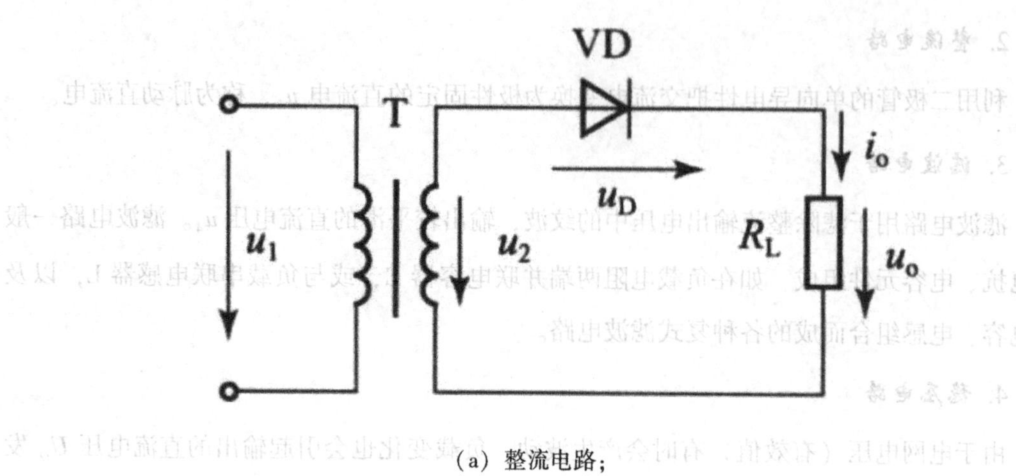

（a）整流电路；

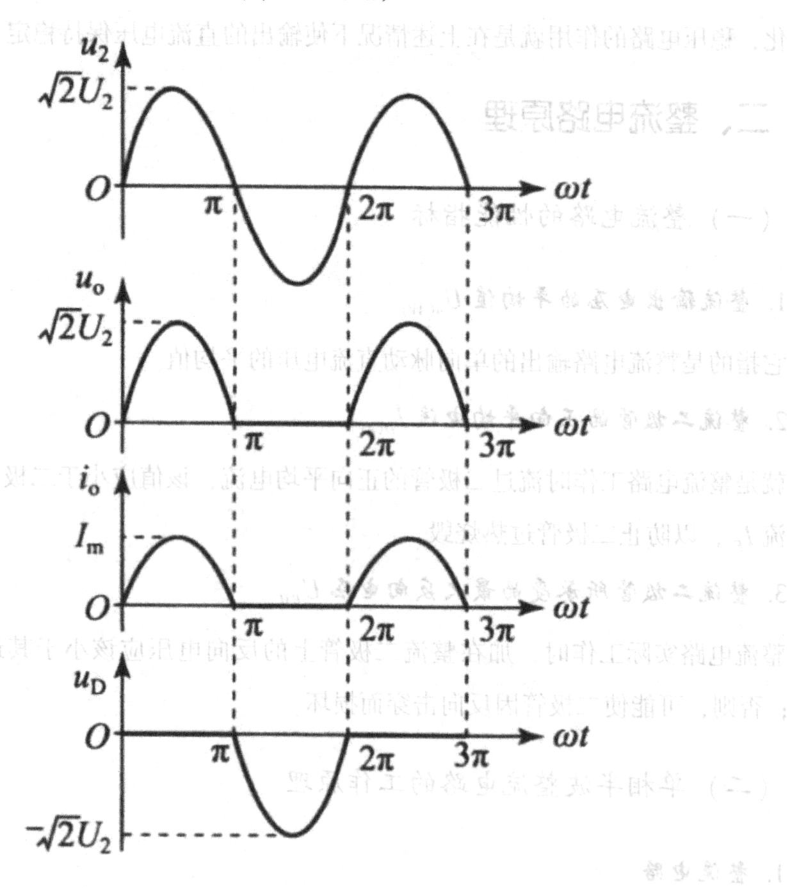

（b）波形变化

图 5-14　单相半波整流电路及波形

（2）整流二极管的正向平均电流 $I_{D(AV)}$

流经二极管的电流平均值与负载电流平均值相等，即：

$$I_o = \frac{U_{o(AV)}}{R_L} = 0.45\frac{U_2}{R_L}$$

（3）整流二极管所承受的最高反向电压 U_{RM}

二极管所承受的最高反向电压就是 u_2 的最大值，即：

$$U_{RM}=U_{2m}=\sqrt{2}U_2$$

（三）单相桥式整流电路的工作原理

1. 工作原理

单相桥式整流电路是目前使用最多的一种整流电路，电路组成如图 5-15 所示。

工作过程分析：在 u_2 正半周，假设极性如图 5-15 所示，二极管 VD_1、VD_3 导通，VD_2、VD_4 截止，电流经 VD_1、R_L、VD_3 形成闭合回路；在 u_2 负半周，二极管 VD_2、VD_4，导通，VD_1、VD_3 截止，电流经 VD_2、R_L、VD_4 形成闭合回路，两个半波的电流都流过了负载 R_L，并且两次流经负载的方向是相同的，实现了整流，这种整流后的电流叫作脉动直流电。

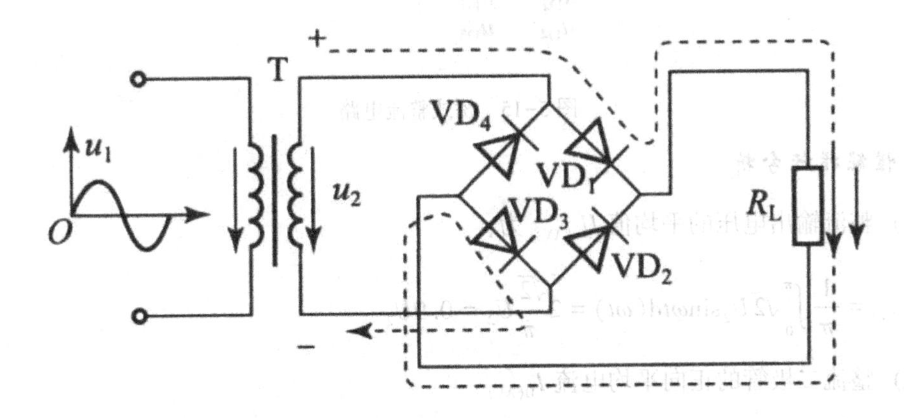

u_2 正半周时电流通路

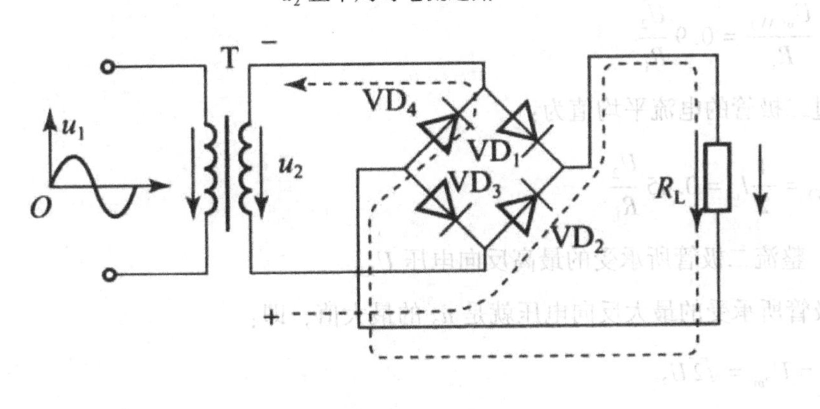

u_2 负半周时电流通路

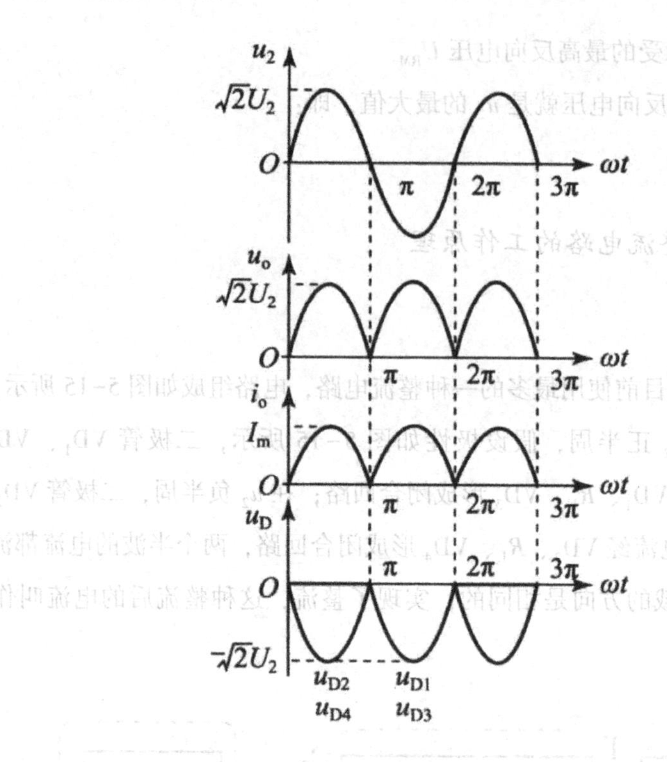

图 5-15　桥式整流电路

2. 性能指标分析

（1）整流输出电压的平均值 $U_{o(AV)}$ 为：

$$U_{o(AV)} = \frac{1}{\pi}\int_0^{\pi}\sqrt{2}\,U_2\sin\omega t\mathrm{d}(\omega t) = 2\frac{\sqrt{2}}{\pi}U_2 = 0.9U_2$$

（2）整流二极管的正向平均电流 $I_{D(AV)}$

流过负载 R_L 的电流平均值为：

$$I_o = \frac{U_{o(AV)}}{R_L} = 0.9\frac{U_2}{R_L}$$

流过二极管的电流平均值为：

$$I_{D(AV)} = \frac{1}{2}I_o = 0.45\frac{U_2}{R_L}$$

（3）整流二极管所承受的最高反向电压 U_{RM}

二极管所承受的最大反向电压就是 u_2 的最大值，即：

$$U_{RM} = U_{2m} = \sqrt{2}\,U_2$$

三、滤波电路原理

滤波指的是把整流电路输出的单向脉动电压变换成负载所要求的平滑的直流电压。

电路分析：如图 5-16 所示，在负载 R_L 两端并联电容器 C，该电容器容量较大，一般为几百至几千微法。

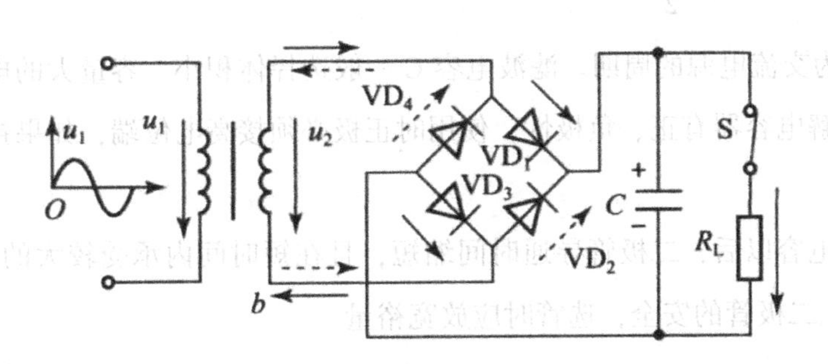

（a）滤波电路

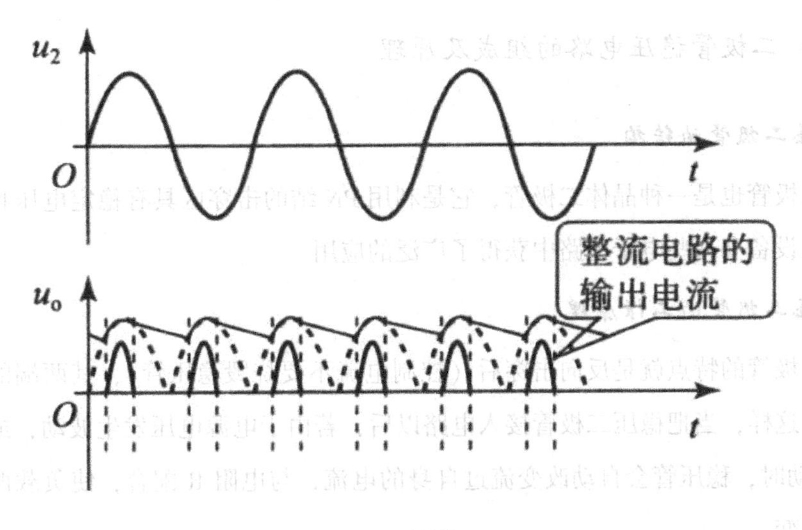

（b）波形

图 5-16　滤波电路及波形

（一）工作过程

由于电容器是一种能够储存电场能的“储能”元件，它的端电压 u_C 不能突变。当外加电压升高时，u_C 只能逐渐升高；当外加电压降低时，u_C 也只能逐渐降低。根据电容器的这一性质，把它并联在整流电路的输出端，相当于一个备用电源，就可以使原来输出的脉动电压波动受到抑制，使输出电压变得平滑。

（二）电容滤波特点

一般常用以下经验公式估算电容滤波时的输出电压平均值。

半波：$U_o = U_2$，全波：$U_o = 1.2U_2$

为了获得较平滑的输出电压，一般情况下要求（全波整流）：

$$\tau = R_L C \geqslant (3 \sim 5)\frac{T}{2}$$

式中，T 为交流电源的周期。滤波电容 C 一般选择体积小、容量大的电解电容器。应注意，普通电解电容器有正、负极性，使用时正极必须接高电位端，如果接反会造成电解电容器的损坏。

加入滤波电容以后，二极管导通时间缩短，且在短时间内承受较大的冲击电流（$i_C + i_o$），为了保证二极管的安全，选管时应放宽裕量。

四、稳压电路原理

（一）二极管稳压电路的组成及原理

1. 稳压二极管的结构

稳压二极管也是一种晶体二极管，它是利用 PN 结的击穿区具有稳定电压特性来工作的，在稳压设备和一些电子电路中获得了广泛的应用。

2. 稳压二极管的工作原理

稳压二极管的特点就是反向击穿后（控制电流不要烧毁稳压管），其两端的电压基本保持不变。这样，当把稳压二极管接入电路以后，若由于电源电压发生波动，或其他原因造成 U_o 变动时，稳压管会自动改变流过自身的电流，与电阻 R 配合，使负载两端的电压基本保持不变。

3. 稳压二极管的主要参数

（1）稳定电压 U_z：指的是 PN 结的反向击穿电压，它随工作电流和温度的不同而略有变化。对于同一型号的稳压二极管来说，稳压值有一定的离散性。

（2）稳定电流 I_z：稳压二极管工作时的参考电流值。它通常有一定的范围，即 $I_{Zmin} \sim I_{Zmax}$。

（3）动态电阻 r_Z：它是稳压二极管两端电压变化与电流变化的比值，随工作电流的不同而改变。通常工作电流越大，动态电阻越小，稳压性能越好。

（4）电压温度系数：如果稳压二极管的温度变化，它的稳定电压也会发生微小变化，温度变化 1℃所引起管子两端电压的相对变化量即是温度系数。一般来说稳压值低于 6V 的属于齐纳击穿，温度系数是负的；高于 6V 的属雪崩击穿，温度系数是正的。对电源要求比较高的场合，可以用两个温度系数相反的稳压二极管串联起来作为补偿。由于相互补

偿，温度系数大大减小，可使温度系数达到 0.0005%/℃。

(5) 额定功耗 P_{Zmax}：工作电流越大，动态电阻越小，稳压性能越好，但是最大工作电流受到额定功耗 P_z 的限制，超过 P_{Zmax} 将会使稳压管损坏。

4. 稳压二极管的选用

选择稳压二极管时应注意：流过稳压二极管的电流 I_z 不能过大，应使 $I_Z \leqslant I_{Zmax}$；否则会超过稳压管的允许功耗，I_z 也不能太小，应使 $I_Z \geqslant I_{Zmin}$；否则不能稳定输出电压，这样使输入电压和负载电流的变化范围都受到一定限制。

(二) 串联型稳压电路

针对稳压管稳压电路输出电流小、输出电压不能调节的问题，串联型稳压电路做了改进，因而得到广泛的应用，而且它也是集成稳压电路的基础。

串联型稳压电路一般由四个部分组成，以采用集成运算放大电路的串联型稳压电路为例（图 5-17）。

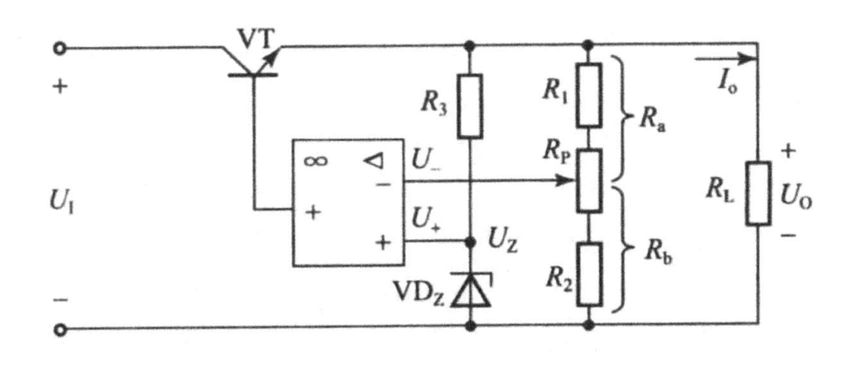

图 5-17　串联型直流稳压电源

采样环节：是由电阻 R_1、R_2、R_P 组成的电阻分压器，它将输出电压的一部分取出送到放大环节，电位器 & 是调节输出电压用的。

基准电压：从由稳压管 VD_z 和电阻 R_3 构成的电路中取得基准电压，即稳压管的稳定电压，是稳定性较高的直流电压，作为调整、比较的标准。R_3 是稳压管的限流电阻。

放大环节：由集成运算放大电路组成，它将采样电压与基准电压进行比较，通过放大差模信号去控制调整管 VT。

调整环节：一般由工作于线性区的功率管 VT 组成，它的基极电流受放大环节输出信号控制，只要控制基极电流 I_B，就可以改变集电极电流 I_C 和集电极-发射极电压 U_{CE}，从而调整输出电压。

稳压原理：在稳压调整过程讨论时，要用到以下几个关系式，即：

$$U_1 = U_{CE} + U_O$$

$$U_- = \frac{R_b}{R_a + R_b} \cdot U_O = U_+ = U_z$$

所以，有：

$$U_O = \frac{R_a + R_b}{R_b} \cdot U_z$$

可以看出，该稳压电路的输出电压是可调的，滑动 R_P 的触点，U_O 就会随之改变。

当电源电压升高（降低）或负载电阻增加（减小）而引起输出电压出现升高（降低）的趋势时，采样电压就会增大（降低），因此运放反相输入端输入信号增大（减小），基准电压不变，集成运放输出电压减小（升高），即三极管 VT 的输入电压 U_{BE} 减小（增大），从而导致 U_{CE} 增大（减小），使输出电压降低（升高）。须说明的是，这个调整过程是瞬间自动完成的，所以输出电压基本不变。

第六章　门电路与组合逻辑电路

第一节　基本逻辑门电路

一、概述

数字电路是电子技术的一个重要组成部分，它所研究的问题主要是电路输入状态与输出状态之间的逻辑关系，其本质上是一个逻辑控制电路，故常称为数字逻辑电路。数字电路结构简单，便于集成化生产，工作可靠，精度高，随着现代电子技术的发展，数字电路的应用越来越广泛。

数字电路所处理的数字信号一般只有高、低电位两种状态，往往用数字“1”或“0”来表示；数字信号通常以脉冲的形式出现。脉冲是一种持续时间很短的跃变信号，可短至几个微秒（μs）甚至几个纳秒（ns，$1ns = 10^{-9}s$）。

为了表征脉冲信号的特征，以便对它进行定量分析，来说明脉冲信号波形的一些参数。

①脉冲幅度 U_m：脉冲信号变化的最大值。②脉冲上升时间 t_r：脉冲幅度从 $0.1U_m$ 上升到 $0.9U_m$ 所需的时间。③脉冲下降时间 t_f：脉冲幅度从 $0.9U_m$ 下降到 $0.1U_m$ 所需的时间。④脉冲宽度 t_p：脉冲幅度从上升沿的 $0.5U_m$ 到下降沿的 $0.5U_m$ 所需的时间，这段时间也称为脉冲持续时间。⑤脉冲周期 T：周期性脉冲信号相邻两个上升沿（或下降沿）的 $0.1U_m$ 两点间的时间间隔。⑥脉冲频率 f：单位时间的脉冲数，$f = 1/T$。

在数字电路中，通常是根据脉冲信号的有无、个数、宽度和频率来进行工作的，所以数字电路抗干扰能力较强（干扰往往只能影响脉冲的幅度），准确度较高。

同时，由于电位（或称电平）有“高电位”和“低电位”之分，若规定高电位为 1，低电位为 0，则称为正逻辑；若规定高电位为 0，低电位为 1，则称为负逻辑。本书中如无特殊说明，一律采用正逻辑。

此外，脉冲信号还有正、负之分。若脉冲跃变后的值比初始值高，则为正脉冲；反之，则为负脉冲。

在实际工作时往往只需要区分出高、低电平就可以知道它所表示的逻辑状态，而高、低电平都有一个允许的区间范围。因此，在数字电路中，无论对元器件参数精度的要求还是对供电电源稳定度的要求都比模拟电路要低一些。

二、逻辑门电路的基本概念

逻辑是生产和生活中各种因果关系的抽象概括，也称为逻辑关系。基本的逻辑关系有“与”逻辑、“或”逻辑和“非”逻辑。门电路是实现各种逻辑关系的基本电路，是组成数字电路的基本单元，它的应用极为广泛。所谓“门”，就是一种开关。如果把电路的输入信号看作“条件”，输出信号看作“结果”，当“条件”具备时，“结果”就会发生。因此，门电路的输入信号与输出信号之间存在一定的逻辑关系，故门电路又称为逻辑门电路，是实现一定逻辑关系的开关电路。与基本的逻辑关系相对应，基本逻辑门电路有与门、或门和非门。

门电路的输入和输出都是用电位的高低来表示的。在分析逻辑电路时用 1 和 0 两种相反的状态来表示。如开关接通为 1，断开为 0；1 是 0 的反面，0 也是 1 的反面，用逻辑关系式表示，则有：

$$1=\overline{0}\text{ 或 }0=\overline{1}$$

三、与逻辑和与门

若决定某一事件 F 的所有条件 A、B、……同时具备，事件 F 才发生，否则事件就不发生，这样的逻辑关系称为“与”逻辑，常用图 6-1 所示的电路来表示这种关系。图中开关 A 和 B 串联，只有当 A 和 B 同时闭合时，电灯 F 才会亮。因此，灯亮与开关闭合是逻辑与的关系，两个串联开关组成了一个与门电路。与逻辑关系可用下式表示为

$$F=A\cdot B$$

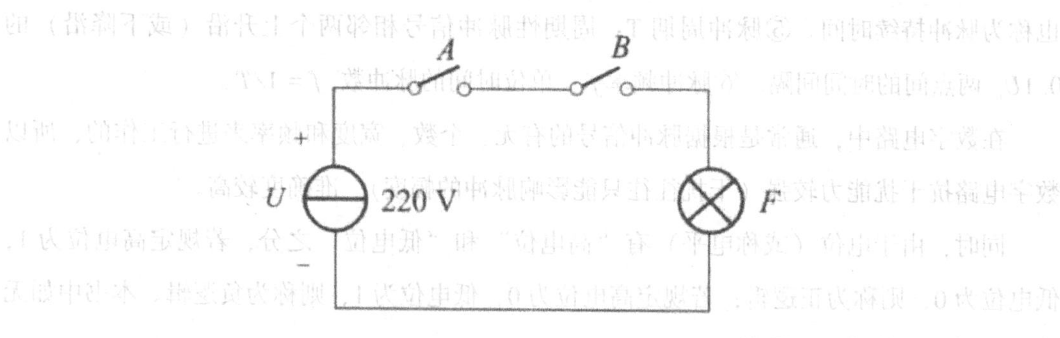

图 6-1 “与”逻辑示意图

实际电路中，可以用图 6-2 所示电路实现“与”逻辑，它是一个二极管与门电路。A

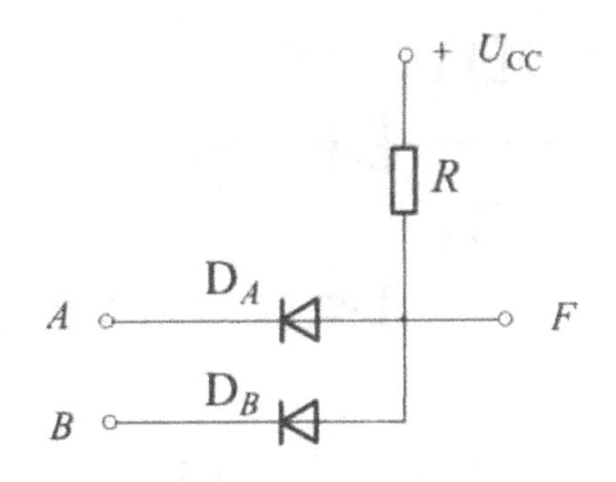

图 6-2　二极管“与门”

和 B 为输入端，F 为输出端。

当输入变量 A 和 B 全部为 1 时（设电位均为 3V），D_A 和 D_B 同时导通，若忽略二极管导通时的管压降，输出端电位 F 的电位为 3V，因此输出变量 F 为 1。

当输入变量不全为 1 时，有一个或两个输入端为 0（设电位为 0.3V）时，则输出变量 F 为 0。

四、或逻辑和或门

若决定某一事件 F 的所有条件 A、B、……中，只要有一个或一个以上条件具备，事件 F 就会发生，这样的逻辑关系称为“或”逻辑。常用图 6-3 所示的电路来表示这种关系。图中开关 A 和 B 并联，当 A 和 B 中任有一个闭合或全闭合时，电灯 F 就会亮。因此，灯亮与开关闭合是逻辑或的关系，两个并联开关组成了一个或门电路。或逻辑关系可用下式表示为：

$F = A + B$

实际电路中，可以用图 6-4 所示电路实现“或”逻辑，它是一个二极管或门电路。A 和 B 为输入端，F 为输出端。

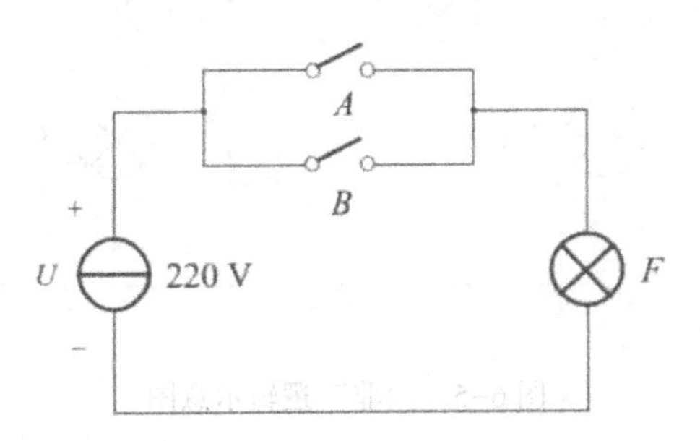

图 6-3　“或”逻辑示意图

当输入变量 A 和 B 有一个为 1 时，输出就为 1。例如 A 为 1，B 为 0，则 DA 优先导通，输出端电位 F 为高电位，因此输出变量 F 为 1。DB 由于承受反向电压而截止。

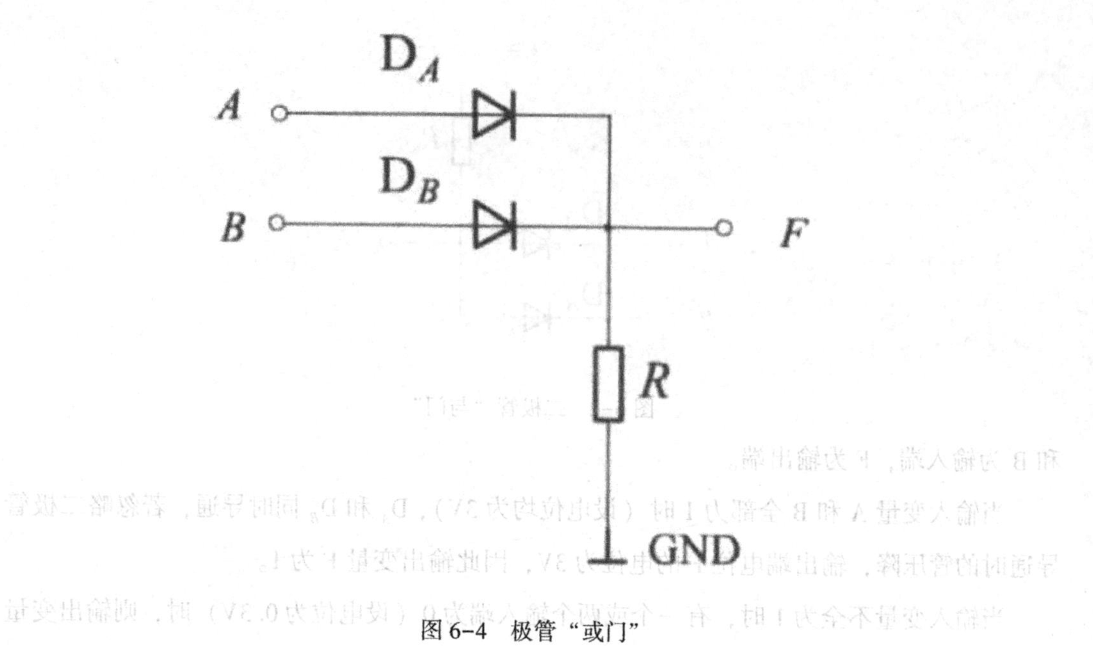

图 6-4 极管“或门”

只有当输入变量全为 0 时，输出变量 F 才为 0，此时 DA 和 DB 均导通。

五、非逻辑和非门

若决定某一事件 F 的条件只有一个 A，当 A 成立时，事件 F 不发生，当 A 不成立时，事件 F 就发生，这样的逻辑关系称为“非”逻辑。常用图 6-5 所示的电路来表示这种关系。图中开关 A 和电灯并联，当 A 闭合时，电灯 F 不亮；当 A 断开时，电灯 F 就会亮。因此，灯亮与开关闭合是非逻辑的关系，开关 A 组成了一个非门电路。非逻辑关系可用下式表示：

$$F=\overline{A}$$

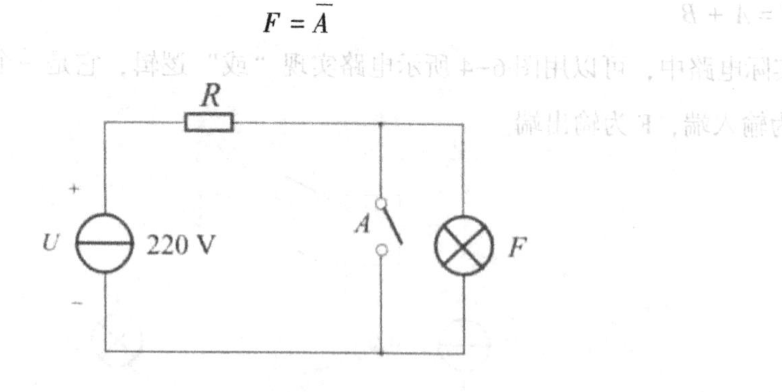

图 6-5 “非”逻辑示意图

第二节　TTL 逻辑门电路

一、TTL 与非门电路

如图 6-6 所示是典型的 TTL 与非门电路及其图形符号，它包含输入级、中间级和输出级三个部分。

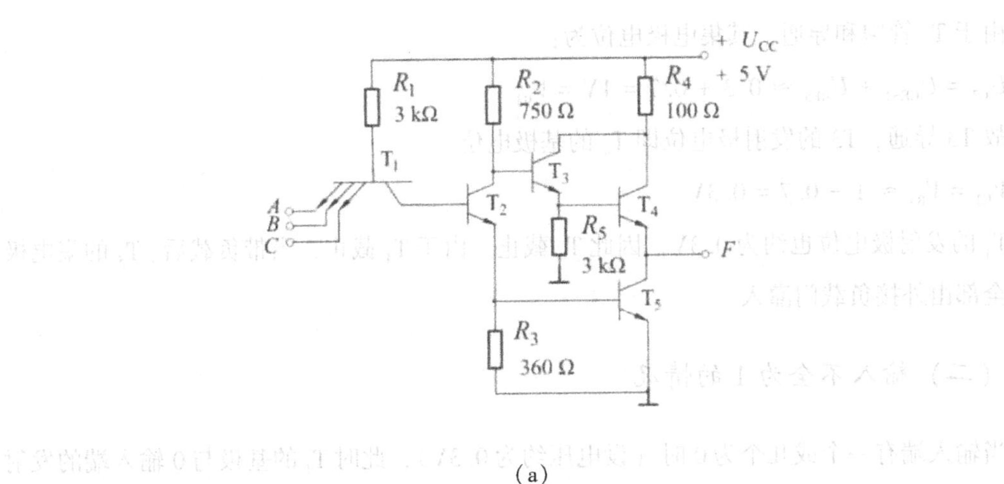

(a)

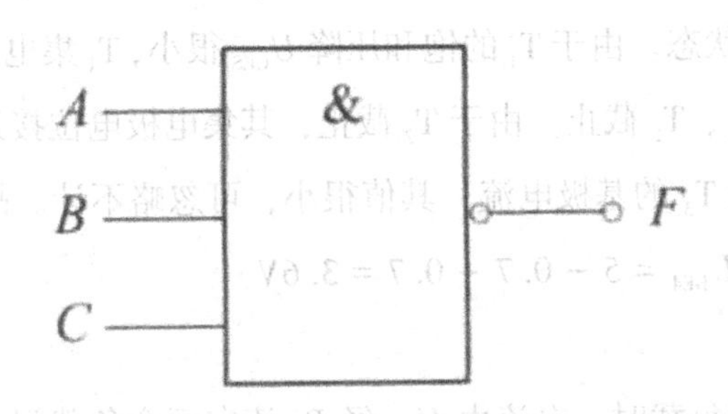

(b)

图 6-6　TTL 与非门电路及其图形符号

图中 T_1、R_1 组成输入级。T_1 是多发射极晶体管。可见其作用和二极管与门一样，用于实现逻辑与的功能。T_2、R_2 和 R_3 组成中间级，由于 T_2 管的集电极和发射极送给 T_5 和 T_3 的基极信号是反相的，因此又称它为倒相级。T_3、T_4、T_5、R_4 和 R_5 组成推拉式输出级。T_3，T_4L 构成复合管，作为局管的负载。采用这种输出级使门电路有较好的带负载能力，并可以提高开关速度。

（一）输入全为 1 的情况

当输入端 A、B、C 全为 1 时（设电压约为 3.6V），T_1 管所有发射结均处于反向偏置（其基极电位被钳制在 2.1V 左右），这时电源 U_{CC} 通过 R_1 和 T_1 的集电极向 T_2 提供足够的基极电流，使 T_2 饱和，T_2 的发射极电流在 R_3 上产生的压降又为 T_5 提供了足够的基极电流，使 T_5 也饱和，所以输出端的电位为：

$V_F = 0.3V$

即输出为 0。

由于 T_2 管饱和导通，其集电极电位为：

$U_{C2} = U_{CES2} + U_{BE5} \approx 0.3 + 0.7 = 1V = V_{B3}$

故 T3 导通，T3 的发射极电位即 T_4 的基极电位

$V_{E3} = V_{B4} \approx 1 - 0.7 = 0.3V$

T_4 的发射极电位也约为 0.3V，因此 T_4 截止。由于 T_4 截止，当带负载后，T_5 的集电极电流全部由外接负载门灌入。

（二）输入不全为 1 的情况

当输入端有一个或几个为 0 时（设电压约为 0.3V），此时 T_1 的基极与 0 输入端的发射极之间处于正向偏置，这时电源 U_{cc} 通过 R_1 为 T_1 提供基极电流。T_1 基极电位约为 0.3 + 0.7 = 1V，T_1 处于深度饱和状态。由于 T_1 的饱和压降 U_{CES} 很小，T_1 集电极电位接近于发射极电位，略高于 0.3V，故 T_2、T_5 截止。由于 T_2 截止，其集电极电位接近于 U_{CC}，T_3 和 T_4 因此导通。流过 R_2 的仅仅是 T_3 的基极电流，其值很小，可忽略不计。故输出端的电位为：

$V_F \approx U_{CC} - U_{BE3} - U_{BE4} = 5 - 0.7 - 0.7 = 3.6V$

即输出为 1。

由于 T5 截止，当接负载时，电流由 U_{CC} 经 R_4 流向每个负载门。

由上可知，TTL 与非门的逻辑功能为：当输入端全为 1 时，输出为 0；当输入端有一个或多个为 0 时，输出为 1。其逻辑关系可用下式表示：

$F = \overline{A \cdot B \cdot C}$

二、三态输出与非门电路

在实际应用中，为了减少信号传输线的数量，适应各种数字电路的需要，有时候需要将两个或多个与非门的输出端接在同一信号传输线（总线）上，对每个逻辑门分时控制。为此可采用带有控制端的逻辑门—三态输出与非门。三态输出与非门与上述与非门电路不

同，它的输出端除出现 1 和 0 两种状态外，还可以出现第三种高阻状态 Z（即开路状态）。当输出端处于高阻状态时，与非门与信号传输线是隔断的。

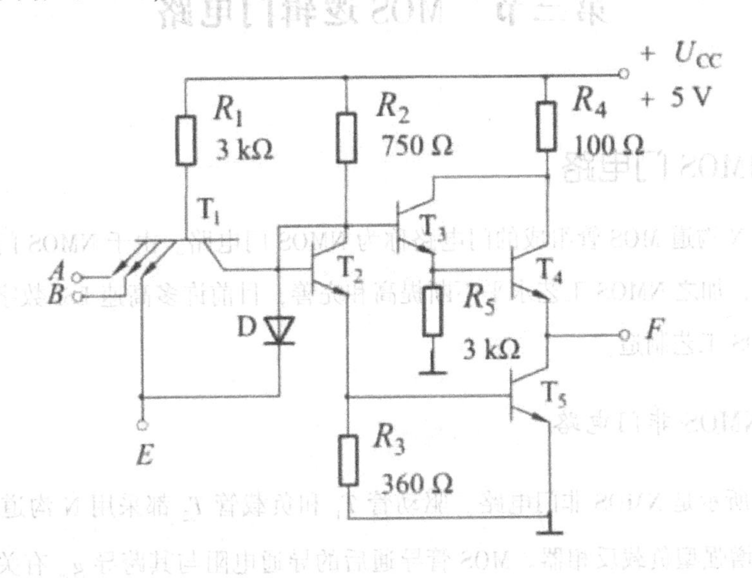

(a)

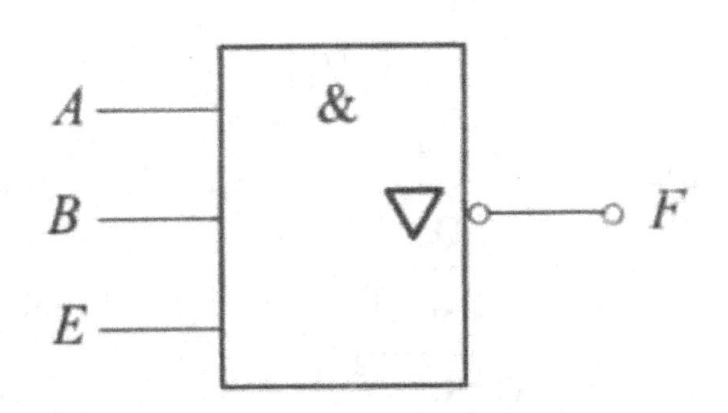

(b)

图 6–7　TTL 三态输出与非门电路及其图形符号

如图 6–7 所示是 TTL 三态输出与非门电路及其图形符号。其中 A 和 B 是输入端，E 是控制端，又称使能端。当控制端为高电位时（E=1），电路只受 A、B 输入信号的影响，是一个普通的与非门，$F=\overline{A\cdot B}$。当控制端为低电位时（E=0），T_1 基极电位约为 1V，致使 T_2、T_5 截止。同时，二极管 D 将 T_2 的集电极电位钳制在 1V，从而使 T_4 也截止。由于输出端相连的两个晶体管 T_4 和 T_5 都截止，所以输出端 F 开路处于高阻状态。

第三节　MOS 逻辑门电路

一、NMOS 门电路

全部使用 N 沟道 MOS 管组成的门电路称为 NMOS 门电路。由于 NMOS 门电路工作速度快、尺寸小，加之 NMOS 工艺水平不断提高和完善，目前许多高速 LSI 数字集成电路产品仍采用 NMOS 工艺制造。

（一）NMOS 非门电路

如图 6-8 所示是 NMOS 非门电路。驱动管 T_1 和负载管 T_2 都采用 N 沟道增强型 MOS 管，因此叫作增强型负载反相器。MOS 管导通后的导通电阻与其跨导 g_m 有关。跨导大的其导通电阻小。驱动管 T_1 的跨导较大，一般为 100~200μA/V；负载管 T_2 的跨导较小，一般为 5~10μA/V。因此 T_2 导通电阻远比 T_1 大。

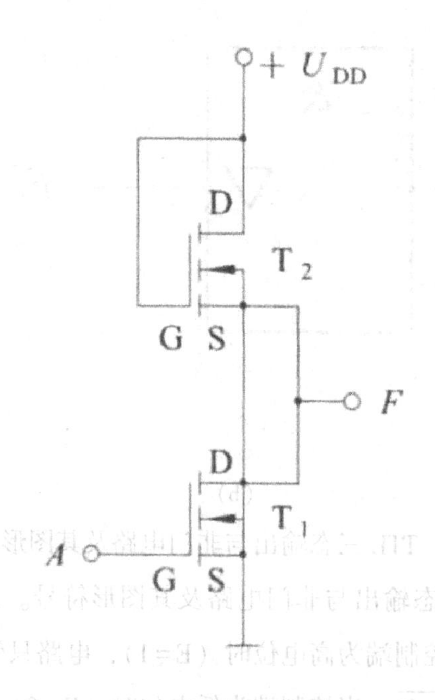

图 6-8　NMOS 非门电路

当输入端 A 为 1 时，驱动管 T_1 的栅-源电压 U_{GS} 大于它的开启电压，它处于导通状态；负载管 T_2 由于其栅极与漏极相连并接到电源 U_{DD}，其栅-源电压也大于它的开启电压，T_2 总是处于导通状态。但 T_1 的导通电阻远比 T_2 的小，其管压降很小，故输出端 F 为 0。

当输入端A为0时，驱动管T_1的栅-源电压低于它的开启电压，T_1截止，输出端F为1。其逻辑关系可用下式表示为：

$$F=\overline{A}$$

（二）NMOS与非门电路

T_1和T_2两个驱动管串联，然后与负载管T_3串联。当A、B两个输入端全为1时，T_1和T_2导通，T_3总是处于导通状态。T_1和T_3的导通电阻都比负载管小得多，因此两个驱动管的管压降都很小，输出端F为0。当输入端有一个或全为0时，则串联的驱动管截止，输出端F为1。其逻辑关系可用下式表示为：

$$F=\overline{A\cdot B}$$

（三）NMOS或非门电路

T_1和T_2两个驱动管并联，然后与负载管T_3串联。当A、B两个输入端其中一个为1或全为1时，相应的驱动管导通，输出端F为0。当输入端全为0时，则并联的驱动管截止，输出端F为1。其逻辑关系可用下式表示为：

$$F=\overline{A+B}$$

二、CMOS门电路

CMOS门电路是由PMOS管和NMOS管组成的一种互补型MOS门电路。它的工作速度接近于TTL门电路，在大规模和超大规模集成电路中大多采用这种电路。

（一）CMOS非门电路

CMOS非门电路，又称为CMOS反相器。驱动管T_1采用N沟道增强型MOS管，负载管T_2采用P沟道增强型MOS管。它们制作在一片硅片上。两管的栅极相连，作为输入端漏极也相连，引出输出端F。两者连成互补对称结构，衬底都与各自的源极相连。

当输入端A为1（约为U_{DD}）时，T_1管的栅-源电压U_{GS}大于它的开启电压，它处于导通状态；T_2管由于其栅-源电压小于开启电压的绝对值而处于截止状态。但T_1的导通电阻远比T_2的小，其管压降很小，故输出端F为0。

当输入端A为0时，T_1截止，T_2导通，故输出端F为1。

（二）CMOS与非门电路

T_1和T_2两个驱动管串联，两管均采用N沟道增强型MOS管；负载管T_3和T_4并联，两管均采用P沟道增强型MOS管。负载管整体与驱动管相串联。

当A、B两个输入端全为1时，T_1和T_2导通，T_3和T_4管截止。T_1和T_2的导通电阻比负载管T_3和T_4并联电阻小得多，因此两个驱动管的管压降都很小，输出端F为0。

当输入端有一个或全为0时，则串联的驱动管截止，而相应的负载管导通，输出端F为1。

第四节　逻辑函数的表示与化简

从各种逻辑关系中可以看到，如果以逻辑变量作为输入，以运算结果作为输出，那么当输入变量的取值确定之后，输出的取值便随之而定。因此输入与输出之间是一种函数关系。这种函数关系称为逻辑函数，写作：

$F=f(A, B, C, \cdots)$

由于变量和输出的取值只有0和1两种状态，所以我们所讨论的都是二值逻辑函数。逻辑函数又称布尔函数，是研究二值逻辑问题的主要数学工具，也是分析和设计各种逻辑电路的主要数学工具。

一、逻辑函数的基本运算法则

逻辑函数中1和0表示的是两种相反的逻辑状态，而不是数学符号。逻辑代数中的基本运算有与、或、非三种。根据这三种基本运算可以推导出逻辑运算的一些法则，归纳如下。

（一）基本运算律

$0 \cdot A=0$

$1 \cdot A=A$

$A \cdot A=A$

$A \cdot \overline{A}=0$

$0+A=A$

$1+A=1$

$A+A=A$

$A+\overline{A}=1$

$\overline{\overline{A}}=A$

（二）交换律

$A + B = B + A$

$A \cdot B = B \cdot A$

（三）结合律

$(A + B) + C = (A + C) + B = A + (B + C)$

$(A \cdot B) \cdot C = (A \cdot C) \cdot B = A \cdot (B \cdot C)$

（四）分配律

$A \cdot (B + C) = AB + AC$

$A + BC = (A + B)(A + C)$

（五）吸收律

$A + AB = A$

$AB + A\overline{B} = A$

$A(\overline{A} + B) = AB$

$(A + B)(A + \overline{B}) = A$

$A(A + B) = A$

（六）反演律

$\overline{A \cdot B} = \overline{A} + \overline{B}$

$\overline{A + B} = \overline{A} \cdot \overline{B}$

二、逻辑函数的表示方法

常用的逻辑函数表示方法有逻辑状态表（也称逻辑真值表）、逻辑函数式（也称逻辑式）、逻辑图和卡诺图等。

（一）逻辑状态表

逻辑状态表是将输入变量所有的取值下对应的输出值找出来，以表格的形式来表示逻辑函数，十分直观明了。

输入变量有各种组合：2 个变量有 4 种组合；3 个变量有 8 种组合；4 个变量有 16 种

组合。若有n个输入变量，则有2^n种组合。

在电路中，A、B、C为三个输入变量，F为输出变量，根据电路图分析可得到其输入输出的逻辑状态表，如表6-1所示。

表6-1 电路逻辑状态表

A	B	C	D
0	0	0	0
0	0	1	0
0	1	0	0
0	1	1	0
1	0	0	0
1	0	1	1
1	1	0	1
1	1	1	1

（二）逻辑式

逻辑式是用与、或、非等运算来表达逻辑函数的表达式。由逻辑状态表可以写出逻辑式。

取$F=1$（或$F=0$），列逻辑式。

对一种组合而言，输入变量之间是与逻辑关系。对应于$F=1$，如果输入变量为1，则取源变量（如A）；如果输入变量为0，则取其反变量（如$\overline{A}$），然后取乘积项。

各种组合之间，是或逻辑关系，故取以上乘积项之和。

（三）逻辑图

由逻辑式可以画出逻辑图。逻辑乘用与门实现，逻辑加用或门实现，取反用非门实现。将逻辑函数中各变量间的与、或、非等逻辑关系用相应的图形符号表示出来，就可以画出表示函数关系的逻辑图。

第五节　常用的组合逻辑电路

常用的组合逻辑电路有加法器、编码器、译码器、数据选择器和数据比较器等。这些逻辑电路的应用非常广泛，为了方便，将它们制成中、小规模的标准化集成电路产品。

一、加法器

在数字系统和计算机中，二进制加法器是基本的运算单元。二进制数是以 2 为基数，只有 0 和 1 两个数码，逢二进一的数制。两个二进制之间的算术运算无论是加、减、乘、除，都可以化作若干步加法运算进行。二进制加法器又有半加器和全加器之分。

（一）半加器

如果不考虑来自低位的进位，只对本位上的两个二进制数求和，称为半加。实现半加的组合逻辑电路叫作半加器。半加器的逻辑状态表如表 6-2 所示。其中 A、B 是两个相加的二进制数，F 是半加和数，C 是进位数。

表 6-2 半加器逻辑状态表

A	B	F	C
0	0	0	0
0	1	1	0
1	0	1	0
1	1	0	1

由逻辑状态表可以写出逻辑式：

$$F = A\overline{B} + B\overline{A} = A \oplus B$$

$$C = A\ B$$

（二）全加器

若考虑低位来的进位，将低位来的进位数连同本位的两个二进制数三者一起求和的组合逻辑电路称为全加器。全加器的逻辑状态表如表 6-3 所示。其中 A_i、B_i 是两个相加的二进制数，C_{i-1} 是来自低位的进位数，F 是相加后得到的本位数，C 是相加后得到的本位进位数。

表 6-3 全加器逻辑状态表

A_i	B_i	C_{i-1}	F	C
0	0	0	0	0
0	0	1	1	0
0	1	0	1	0
0	1	1	0	1
1	0	0	1	0
1	0	1	0	1

A_i	B_i	C_{i-1}	F	C
1	1	0	0	1
1	1	1	1	1

由逻辑状态表可以写出逻辑式：

$$F = \bar{A}_i\bar{B}_iC_{i-1} + \bar{A}_iB_i\bar{C}_{i-1} + A_i\bar{B}_i\bar{C}_{i-1} + A_iB_iC_{i-1}$$

$$= C_{i-1}(\bar{A}_i\bar{B}_i + A_iB_i) + \bar{C}_{i-1}(\bar{A}_iB_i + A_i\bar{B}_i)$$

$$= C_{i-1}(\overline{A_i \oplus B_i}) + \bar{C}_{i-1}(A_i \oplus B_i)$$

$$= A_i \oplus B_i \oplus C_{i-1}$$

$$C = \bar{A}_iB_iC_{i-1} + A_i\bar{B}_iC_{i-1} + A_iB_i\bar{C}_{i-1} + A_iB_iC_{i-1}$$

$$= C_{i-1}(\bar{A}_iB_i + A_i\bar{B}_i) + A_iB_i(\bar{C}_{i-1} + C_{i-1})$$

二、编码器

在数字电路中，为了区分一系列不同的对象和信号，将每个对象和信号用一个二进制代码来表示，这就是编码的含义。目前经常使用的编码器有普通编码器和优先编码器两类。

（一）普通编码器

在普通编码器中，任何时刻只允许输入一个编码信号，否则输出将发生混乱。

1. 二进制编码器

二进制编码器就是将某种信号编码成二进制代码的电路。如果把 A_0、A_1、A_2、A_3、A_4、A_5、A_6、A_7 八个信号编成相应的二进制代码输出，编码过程如下：

确定二进制代码位数：因为输入信号有八个，所以采用输出三位二进制代码。这种译码器常称为 3—8 编码器。

列编码表：把待编码的八个信号与相应的二进制代码列成表格。其对应关系是人为确定的，故用三位二进制表示八个信号的方案很多，每种都有一定的规律性。若对信号 4 编码时，4 为 1，其他信号均为 0，列出编码表如表 6–4 所示。

由编码表写出逻辑表达式

$$F_2 = A_4 + A_5 + A_6 + A_7 = \bar{A}_4\bar{A}_5\bar{A}_6\bar{A}_7$$

$$F_1 = A_2 + A_3 + A_6 + A_7 = \bar{A}_2\bar{A}_3\bar{A}_6\bar{A}_7$$

$$F_0 = A_1 + A_3 + A_5 + A_7 = \bar{\bar{A}}_1\bar{A}_3\bar{A}_5\bar{A}_7$$

由逻辑式画出逻辑图。

表 6-4 编码表

输入								输出		
A7	A6	A5	A4	A3	A2	A1	A0	F2	F1	F0
0	0	0	0	0	0	0	1	0	0	0
0	0	0	0	0	0	1	0	0	0	1
0	0	0	0	0	1	0	0	0	1	0
0	0	0	0	1	0	0	0	0	1	1
0	0	0	1	0	0	0	0	1	0	0
0	0	1	0	0	0	0	0	1	0	1
0	1	0	0	0	0	0	0	1	1	0
1	0	0	0	0	0	0	0	1	1	1

2. 二-十进制编码器

二-十进制编码器是将十进制数的 0~9 编成四位二进制代码的电路。每一位十进制数用四位二进制代码来表示，它既具有十进制的特点，又具有二进制的形式，称为二-十进制代码，简称 BCD 码。

四位二进制代码有 16 种状态，其中任意 10 种状态都可以表示十进制数码 0~9。最常用的方法是只取前面 10 个四位二进制数 0000~1001 来表示十进制数码 0~9，舍去后面的 6 个不用，如表 6-4 所示。由于二进制代码各位的权分别为 8、4、2、1，所以这种 BCD 码又称为 8421 码。

（二）优先编码器

普通编码器每次只允许一个输入端上有信号，而实际中常常出现多个输入端同时有信号的情况。如计算机的多台输入设备同时向主机发出中断请求，希望输入数据，此时就需要优先编码器。在优先编码器电路中，允许同时输入两个以上编码信号。不过在设计优先编码器时已经将所有的输入信号按优先顺序排了队，当几个输入信号同时出现时，只对其中优先权最高的一个进行编码。

三、译码器

译码器的过程与编码器相反，也就是说，译码是将具有特定含义的二进制代码翻译成对应的信号或十进制数码的过程。常用的译码器电路有二进制译码器、二-十进制显示译码器等。

（一）二进制译码器

二进制译码器的输入信号是 n 位的二进制代码，输出是一组与输入代码一一对应的高、低电平信号，共 2^n 个。二进制译码器有 2-4 译码器、3-8 译码器、4-16 译码器等。

如要设计一个 3-8 译码器，将输入的一组三位二进制代码译成对应的八个输出信号，其过程如下。

1. *列出译码器的逻辑状态表。*

设输入为三位二进制代码 A_0、A_1、A_2，输出的八个信号为 $\overline{F}_0$ ~ $\overline{F}_7$，低电平有效。每个输出代表输入的一种组合，若设 $A_2A_1A_0=000$ 时，$\overline{F}_0=0$，其余输出为 1；$A_2A_1A_0=001$ 时，$\overline{F}_1=0$，其余输出为 1，依次类推。则该 3-8 译码器的逻辑状态表如表 6-5 所示。

表 6-5　3-8 译码器的逻辑状态表

输入			输出							
A_2	A_1	A_0	$\overline{F}_7$	$\overline{F}_6$	$\overline{F}_5$	$\overline{F}_4$	$\overline{F}_3$	$\overline{F}_2$	$\overline{F}_1$	$\overline{F}_0$
0	0	0	1	1	1	1	1	1	1	0
0	0	1	1	1	1	1	1	1	0	1
0	1	0	1	1	1	1	1	0	1	1
0	1	1	1	1	1	1	0	1	1	1
1	0	0	1	1	1	0	1	1	1	1
1	0	1	1	1	0	1	1	1	1	1
1	1	0	1	0	1	1	1	1	1	1
1	1	1	0	1	1	1	1	1	1	1

2. *由逻辑状态表写出逻辑式*

$$\overline{F}_0=\overline{\overline{A}_2\overline{A}_1\overline{A}_0}\quad \overline{F}_1=\overline{\overline{A}_2\overline{A}_1A0}\quad \overline{F}_2=\overline{\overline{A}_2A_1\overline{A}_0}\quad \overline{F}_3=\overline{\overline{A}_2A_1A_0}$$

$$\overline{F}_4=\overline{A_2\overline{A}_1\overline{A}_0}\quad \overline{F}_5=\overline{A_2\overline{A}_1A_0}\quad \overline{F}_6=\overline{A_2A_1\overline{A}_0}\quad \overline{F}_7=\overline{A_2A_1A_0}$$

（二）二-十进制显示译码器

在数字电路中，常常要把测量和运算的结果直接用十进制数显示出来，这就要把二-十进制代码通过显示译码器变换成输出信号再去驱动数码显示器。

常用的数码显示器有荧光数码管、液晶数码管和半导体数码管等。下面以应用较多的半导体数码管为例简述数字显示的原理。

半导体数码管简称 LED 数码管，是最常用的一种 7 段显示器件，其内部有 7 个发光二极管（LED）。发光二极管含有一个 PN 结，在正向偏置时，由于多数载流子大量复合释放出能量，其中一部分转变为光能而发光。光的颜色与所用的材料有关，有红、绿、黄等多种。

第七章　触发器和时序逻辑电路

第一节　触发器

触发器的特点：①在电路上具有信号反馈，在功能上具有记忆功能；②有两个稳定的状态：0 和 1；③在适当输入信号作用下，可从一种状态翻转到另一种状态；④在输入信号取消后，能将获得的新状态保存下来。

触发器有以下两个基本特性：①有两个稳态，可分别表示二进制数码 0 和 1，无外触发时可维持稳态。②外触发下，两个稳态可相互转换（称翻转）。

触发器电路的分类有以下三种基本方式：①按稳定工作状态分：双稳态触发器、单稳态触发器、无稳态触发器。②按结构分：基本 RS 触发器、同步触发器、主从触发器、边沿触发器。③按逻辑功能分：RS 触发器、JK 触发器、D 触发器、T 和 T′ 触发器。

设计触发器时，需要注意触发器的几个时间特性，满足这些特性触发器才能正常工作。建立时间：是指在时钟沿到来之前数据从不稳定到稳定所需的时间。如果建立的时间不满足要求，那么数据将不能在这个时钟上升沿被稳定地打入触发器。保持时间：是指触发器的时钟信号上升沿到来以后，数据也必须保持一段时间，以便能够稳定读取。如果保持时间不满足要求，那么数据同样也不能被稳定地打入触发器。数据输出延时：当时钟有效沿变化后，数据从输入端到输出端的最小时间间隔。

一、基本 RS 触发器

基本 RS 触发器是最简单的触发器，也是构成其他各种触发器的基础。基本 RS 触发器既可以由两个交叉耦合的与非门构成，又可以由两个交叉耦合的或非门构成。

（一）工作原理

作为触发器要求 Q 与 $\overline{Q}$ 在逻辑上是互补的。Q 与 $\overline{Q}$ 是基本触发器的输出端，两者的逻辑状态在正常情况下能保持相反（即互补），触发器有两种稳定状态：一个状态是 $Q=1$，

$\overline{Q}=0$，称为置位状态（或触发器处于状态1）；另一个状态是 $Q=0$，$\overline{Q}=1$，称为复位状态（或触发器处于状态0）。相应的输入端被分别称为直接置位端［直接置“1”端（$\overline{S}$）］和直接复位端［直接置“0”端（$\overline{R}$）］。

下面分别来分析基本 RS 触发器输出与输入的逻辑关系。

1. $\overline{R}$=0，$\overline{S}$=1

此时 $\overline{QS}=0$，Q 的输入端输入一个负脉冲，输出 $\overline{Q}$ 为1；$\overline{QS}=1$，Q 的输入端输入一个正脉冲，输出 Q 为0。即 $Q=0$，$\overline{Q}=1$，称为触发器置0或复位。

2. $\overline{R}$=1、$\overline{S}$=0

此时 $\overline{QS}=0$，Q 的输入端输入一个负脉冲，输出 Q 为1；$Q\overline{R}=1$，$\overline{Q}$ 的输入端输入一个正脉冲，输出 $\overline{Q}$ 为0。即 $Q=1$，$\overline{Q}=0$，称为触发器置1或置位。

3. $\overline{R}$=1，$\overline{S}$=1

当 $\overline{R}=1$，$\overline{S}=1$ 时，分两种情况讨论：

触发器前一个输入状态为 $\overline{R}=0$，$\overline{S}=1$，Q 的状态为0，$\overline{Q}$ 的状态为1，当前输入时 $\overline{R}$ 由0变为1，此时 $Q\overline{R}=0$，$\overline{Q}$ 的输入端输入一个负脉冲，输出 $\overline{Q}$ 为1，$\overline{QS}=1$，Q 的输入端输入一个正脉冲，输出 Q 为0，此时 $Q=0$，$\overline{Q}=1$，保持前一个输出状态。

触发器前一个输入状态为 $\overline{R}=1$、$\overline{S}=0$，Q 的状态为1，$\overline{Q}$ 的状态为0，当前输入时 $\overline{S}$ 由0变为1，此时 $Q\overline{R}=1$，$\overline{Q}$ 的输入端输入一个正脉冲，输出 $\overline{Q}$ 为0，$\overline{QS}=0$，Q 的输入端输入一个负脉冲，输出 Q 为1，此时 $Q=1$，$\overline{Q}=0$，仍然保持前一个输出状态，称为触发器的记忆功能。

4. $\overline{R}=0$、$\overline{S}=0$

当 $\overline{S}$ 端和 $\overline{R}$ 端同时加负脉冲时，两个“与非”门输出端都为“1”，这与 Q 和 $\overline{Q}$ 的状态应该互补的要求不一致，这种情况是不容许的。另一方面当负脉冲除去后，由于两个与非门的传输时间总是略有区别，当 $\overline{R}$ 和 $\overline{S}$ 同时变为1时，触发器的状态即可能保持为1，又可能保持为0。这种不确定性是不容许的。因此，使用这种触发器时要避免出现 $\overline{S}$ 端和 $\overline{R}$ 端同时为0的情况。

（二）功能描述

基本 RS 触发器的功能可由表7-1描述，该表称为状态真值表。表中 Q_n 为输入信号改变以前的电路状态，称为现在状态（简称现态）；Q_{n+1} 是输入信号变为当前值后触发器所达到的状态，称为下一状态或次态。由表7-1可见，若 $\overline{S}=1$，$\overline{R}$ 由1变为0时，则触发器将置0；$\overline{R}$

= 1，$\overline{S}$ 由 1 变为 0 时，触发器将置 1。因此，输入信号 $\overline{R}$ 和 $\overline{S}$ 均为低电平有效。

表 7-1　基本 RS 触发器的状态真值表

$\overline{R}$	$\overline{S}$	Q_n	Q_{n+1}	功能
0	0	0 1	不定	禁用
0	1	0 1	0	置 0
1	0	0 1	1	置 1
1	1	0 1	0 1	Q_n 保持

二、时钟 RS 触发器

基本 RS 触发器具有直接置 0 和直接置 1 的功能，当输入信号 R 或 S 发生变化时，触发器的状态就立即改变。但在时序电路中，要求触发器的翻转时刻受时钟脉冲的控制，而翻转到何种状态由输入信号决定，从而出现了各种受时钟控制的触发器。时钟 RS 触发器是各种时钟触发器的基本形式。

时钟 RS 触发器的逻辑电路：R 和 S 为输入信号，为置 0 或置 1 端，CF 为时钟脉冲输入端。

在数字电路中所使用的触发器，往往用一种正脉冲来控制触发器的翻转时刻，这种正脉冲就称为时钟脉冲 CP，是一种控制命令。时钟 RS 触发器通过导引电路来实现时钟脉冲对输入端 R 和 S 的控制。当时钟脉冲到来之前，即 $CP = 0$ 时，不论 R 和 S 端的电平如何变化，G3 门和 G4 门的输出端均为“1”，基本触发器保持原状态不变。只有当时钟脉冲来到之后，即 $CP = 1$ 时，触发器才按 R、S 端的输入状态来决定其输出状态。时钟脉冲过去后，输出状态不变。

时钟脉冲（正脉冲）来到后，即 $CP = 1$，G3 门的输出状态受 S 端信号的控制，G4 门受 R 端信号的控制。若此时 $S = 1$ 、$R = 0$，则 G3 门输出将变为“0”，向 G1 门“$\overline{S}_D$”端送去一个置“1”负脉冲，触发器的输出端 Q 将处于“1”态。如果此时 $S = 0$，$R = 1$，则 G4 门将向 G2 门“$\overline{R}_D$”端送置“0”负脉冲，Q 将处于“0”态。如果此时 $S = R = 0$，则 G3 门和 G4 门均保持“1”态，时钟脉冲过去以后的新状态 Q_{n+1} 和时钟脉冲来到以前的状态 Q_n 一样。如果此时 $S = R = 1$，则 G3 门和 G4 门都向基本触发器送负脉冲。

使 G1 门和 G2 门输出端均处于“1”态，时钟脉冲过去以后，Q 端是处于“1”还是处于“0”是不确定的，这种情况应是禁止出现的。

三、JK 触发器

符号中 $\overline{R}_D$ 及 $\overline{S}_D$ 是直接置 0 和直接置 1 端，所谓直接置 0 和直接置 1 是指该信号对生产 Q 端的作用不受时钟的控制，因此也称为异步置 0 和异步置 1 端，符号上的小圆圈表明是低电平有效。在集成触发器中信号 K 和信号 J 可以有多个，它们的逻辑关系为 $J=J_1J_2J_3$，$K=K_1K_2K_3$。JK 触发器由两个可控的 RS 触发器串连组成，分别称为主触发器和从触发器。通过一个“非”门将两个触发器的 CP 端联系起来。

JK 触发器的 J、K 信号端与 RS 触发器的 R、S 信号之间的关系为：

$$S=J\overline{Q}_n，\ R=KQ_n$$

JK 触发器的特征方程

$$Q_{n+1}=J\overline{Q}_n+\overline{K}Q_n$$

根据 JK 触发器的特征方程和工作原理分 4 种情况讨论 JK 触发器的逻辑功能。

（一）$J=1$，$K=1$

从 JK 触发器的特征方程可知，当 $J=1$，$K=1$ 时，$Q_{n+1}=\overline{Q}_n$。

设时钟脉冲来到之前，即 $CP=0$ 时，触发器的初始状态为“0”态（即 $Q_n=0$）。这时主触发器的 $S=J\overline{Q}=1$、$R=KQ=0$。当时钟脉冲来到后，即 $CP=1$ 时，由于主触发器的 $S=1$ 和 $R=0$，故翻转为“1”态。当 CP 从“1”下跳为“0”时，这时从触发器的 CP 由 0 变为 1，从触发器的 $S=1$ 和 $R=0$，它也就翻转为“1”态。反之，设初始状态为“1”态，这时主触发器的 $S=0$ 和 $R=1$，当 $CP=1$ 时，它翻转为“0”态；当 CP 下跳变为“0”时，从触发器也翻转为“0”态。即 $Q_{n+1}=\overline{Q}_nQ_n$。

可见 JK 触发器在 $J=K=1$ 的情况下，来一个时钟脉冲，就使它翻转一次。这表明，在这种情况下，触发器具有计数功能。

（二）$J=0$，$K=0$

从 JK 触发器的特征方程可知，当 $J=0$，$K=0$ 时，$Q_{n+1}=Q_n$。

设触发器的初始状态为“0”态。当 CP=1 时，由于主触发器的 $S=0$ 和 $R=0$，它的状态保持不变。当 CP 下跳时，由于从触发器的 $S=0$、$R=1$，也保持原态不变。如果初始状态为“1”态，也保持原态不变。即 $Q_{n+1}=Q_n$。

（三）$J=1$，$K=0$

从 JK 触发器的特征方程可知，当 $J=1$，$K=0$ 时，$Q_{n+1}=1$。

设触发器的初始状态为“0”态。当 CP=1 时，由于主触发器的 $S=1$ 和 $R=0$，故翻转为“1”态。当 CP 下跳时，由于从触发器的 $S=1$ 和 $R=0$，故也翻转为“1”态。如果初始状态为“1”态，主触发器由于 $S=1$ 和 $R=0$，当 CP 下跳时也保持“1”态不变。

（四）$J=0$，$K=1$

从 JK 触发器的特征方程可知，当 $J=0$，$K=1$ 时，$Q_{n+1}=0$。

通过上面的分析，可以看出主从 JK 触发器在时钟脉冲 CP=1 期间，主触发器接受激励信号，主触发器的状态改变，从触发器状态不变；在 CP 由 1 变为 0 时，从触发器按照主触发器的状态翻转。因为主触发器是一个同步触发器，所以在 CP=1 期间，激励信号始终作用于主触发器。

表 7-2　JK 触发器的状态真值表

J	K	Q_n	Q_{n+1}	功能
0	0	0 1	Q_n	保持
0	1	0 1	0	置 0
1	0	0 1	0	置 1
1	1	0 1	$\overline{Q}_n$	翻转

四、D 触发器

下面分两种情况来分析维持阻塞型 D 触发器的逻辑功能。

（一）D=0

当时钟脉冲来到之前，即 $CP=0$ 时，G3、G4 和 G6 的输出均为“1”，G5 因输入端全“1”而输出为“0”。这时，触发器的状态不变。

当时钟脉冲从“0”上跳为“1”，即 CP=1 时，G6、G5 和 G3 的输出保持原状态未变，而 G4 因输入端全“1”其输出由“1”变为“0”。这个负脉冲一方面使基本触发器置 0，同时反馈到 G6 的输入端，使在 CP=1 期间不论。做何变化，触发器保持“0”态不变（不会空翻）。

（二）D=1

当 CP=0 时，G3 和 G4 的输出为“1”，G6 的输出为“0”，G5 的输出为 1，这时触发器的状态不变。

当 CP=1 时，G3 的输出由“1”变为“0”。这个负脉冲一方面使基本触发器置 1，同时反馈到 G4 和 G5 的输入端，使在 CP=1 期间不论 Q 做任何变化，只能改变 G6 的输出状态，而其他均保持不变，即触发器保持“1”态不变。

由上可知，维持阻塞型 D 触发器具有在时钟脉冲上升沿触发的特点，其逻辑功能为：输出端的状态随着输入端 D 的状态而变化，但总比输入端状态的变化晚一步，即某个时钟脉冲来到之后 Q 的状态和该脉冲来到之前 D 的状态一样。

综上所述，D 触发器的特性方程为：

$$Q_{n+1}=D$$

五、触发器逻辑功能变换

虽然各种触发器的逻辑功能不同，但是按照一定的原则，进行适当的变换，可以将一种逻辑功能的触发器转换成另一种逻辑功能的触发器。下面举例说明。

（一）将 D 触发器转换成 JK 触发器

若要将 D 触发器转换成 JK 触发器，比较两个触发器的特征方程，可以得到转换电路。已知 D 触发器的特征方程为 $Q_{n+1}=D$，JK 触发器的特征方程为 $Q_{n+1}=J\overline{Q}_n+\overline{K}Q_n$。比较两个触发器的特征方程，求得转换电路的方程：

$$D=J\overline{Q}_n+\overline{K}Q_n$$

如果用与非门实现上述表达式，则：

$$D=\overline{\overline{J\overline{Q}_n}\cdot\overline{\overline{K}Q_n}}$$

需要注意的是，新转换成的 JK 触发器与原有的 D 触发器时钟边沿一致，都是 CP 的上升沿触发。从式 $D=J\overline{Q}_n+\overline{K}Q_n$ 可知，当 J=0，K=0 时，$D=Q_n$，即 $Q_{n+1}=Q_n$；当 J=1，K=0 时，D=1，即 $Q_{n+1}=1$；当 $J=0$，$K=1$ 时，D=0，即 $Q_{n+1}=0$；当 $J=1$，$K=1$ 时，$D=Q_{n+1}=\overline{Q}_n$。从上述分析可知，其逻辑结果与 JK 触发器的逻辑结果完全一致。

（二）将 JK 触发器转换成 D 触发器

若要将 JK 触发器转换成 D 触发器，可以采用相似的方法。

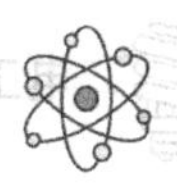

JK触发器的特征方程为 $Q_{n+1}=J\overline{Q_n}+\overline{K}Q_n$，D触发器的特征方程为 $Q_{n+1}=D$，比较两式，将D触发器的特征方程进行下面的变换：

$$Q_{n+1}=D=D(Q_n+\overline{Q_n})=DQ_n+D\overline{Q_n}$$

比较JK及D触发器变换后的方程，令 $J=D$，$K=\overline{D}$，则可将JK触发器的逻辑功能转换成D触发器的逻辑功能。

当D=1，即J=1和K=0时，在CP的下降沿触发器翻转为（或保持）“1”态；D=0，即J=0和K=1时，在CP的下降沿触发器翻转为（或保持）“0”。变换后的D触发器是在时钟脉冲CP的下降沿翻转。

第二节　时序逻辑电路的分析

时序电路可分为同步时序电路和异步时序电路两大类。

就异步电路而言，又可分成脉冲型和电平型两类。前者的输入信号为脉冲，后者的输入信号为电平。

由于各种触发器都是由基本RS触发器构成的，从这个意义上说，任何时序电路本质上都是电平异步电路。然而，电平异步电路的设计较为复杂，电路各部分之间的时间关系也难以协调。因此，人们用简单的电平异步电路（如RS电路）精心地构成了各种时钟触发器。这样，对于广大的数字电路或系统的设计人员来说，就可以用这些触发器作为记忆元件构成同步时序电路和脉冲异步电路，而不必深入地了解电平异步电路的工作机理和设计方法。

由于脉冲异步电路有许多缺点，在实际的数字系统中，同步时序电路得到了最为广泛的应用。

一、时序电路概述

（一）时序电路的特点及其结构

在有些逻辑电路中，任一时刻的输出信号不仅取决于该时刻输入信号，而且还与电路原来的状态有关，或者说，与电路原来的输入信号有关。具备这种功能的电路被称为时序逻辑电路，时序电路中含有存储电路，以便存储电路某一时刻之前的状态，这些存储电路多数由触发器构成。

时序电路的基本结构由组合电路和存储电路两部分组成。

$X(X_1, X_2, \cdots, X_n)$ 是时序电路的输入信号，$Z(Z_1, Z_2, \cdots, Z_m)$ 是时序电路的输出信号，$W(W_1, W_2, \cdots, W_h)$ 是存储电路的输入信号，$Y(Y_1, Y_2, \cdots, Y_k)$ 是存储电路的输出信号，存储电路所需要的时钟信号未标出，这些信号之间的逻辑关系可以用下列三个方程表示。

输出方程：$Z(t_n) = F[X(t_n), Y(t_n)]$

驱动方程：$W(t_n) = H[X(t_n), Y(t_n)]$

状态方程：$Y(t_{n+1}) = G[W(t_n), Y(t_n)]$

方程中 t_n、t_{n+1} 表示相邻的两个离散时间，$Y(t_n)$ 表示各触发器在加入时钟之前的状态，简称现态或原状态。$Y(t_{n+1})$ 则表示加入时钟之后触发器的状态，简称次态或新状态。由输出方程可知，t_n 时刻时序电路的输出 $Z(t_n)$ 与该时刻的输入 $X(t_n)$ 和触发器现态 $Y(t_n)$ 有关。

时序电路的特点：构成时序逻辑电路的基本单元是触发器，时序电路在任何时刻的稳定输出，不仅与该时刻的输入信号有关，而且还与电路原来的状态有关。

（二）时序电路的分类

时序电路应用广，电路种类多，因此时序电路有多种分类方式。

根据时序电路输出信号的特点不同，可以将时序电路分为穆尔型（Moore）电路和米里型（Mealy）电路。实际中，有的时序电路输出只与触发器现态 $Y(t_n)$ 有关，与输入 $X(t_n)$ 无关。因此，时序电路的输出方程可写成：

$Z(t_n) = F[Y(t_n)]$

这种时序电路称穆尔型电路，输出仅决定于存储电路的状态，与电路当前的输入无关。

输出符合式 $Z(t_n) = F[X(t_n), Y(t_n)]$ 的时序电路，则称为米里型电路，输出不仅取决于存储电路的状态，而且还决定于电路当前的输入。

根据时序电路中时钟信号的连接方式，可将其分为同步时序电路和异步电路两大类。

在同步时序电路中，存储电路里所有触发器的时钟端与同一个时钟脉冲源相连，在同一个时钟脉冲作用下，所有触发器的状态同时发生变化。因此，时钟脉冲对存储电路的更新起着同步作用，故称这种时序电路为同步时序电路，同步时序电路的特点是所有触发器状态的变化都是在同一时钟信号操作下同时发生。

异步时序电路没有统一的时钟脉冲，有的触发器的时钟输入与时钟脉冲相接，而有些触发器的时钟输入不与时钟脉冲相连，后者的状态变化则不与时钟脉冲源同步。异步时序电路的特点是触发器状态的变化不是同时发生。

二、同步时序电路的分析

同步时序电路的分析是根据给定的同步时序电路，首先列写方程；然后分析在时钟信号和输入信号的作用下，电路状态的转换规律以及输出信号的变化规律；最后说明该电路完成的逻辑功能。由于同步时序电路中所有触发器都是在同一个时钟信号作用下工作，因此同步时序电路的分析要比异步时序电路的分析简单。

下面介绍同步时序电路的分析步骤：①根据给定的同步时序电路列写方程，主要方程有时序电路的输出方程和各触发器的驱动方程。②将触发器的驱动方程代入对应触发器的特征方程，求出各触发器的状态方程，也就是时序电路的状态方程。③根据时序电路的输出方程和状态方程，计算时序电路的状态转换表、状态转换图或时序图三种形式中的任何一种，它们之间可以互相转换，状态转换表也称态序表。④根据上述分析结果，用文字描述给定同步时序电路的逻辑功能。

这里给出的分析步骤不是必须执行且固定不变的步骤，实际应用中可以根据具体情况有所选取如有的时序电路没有输出信号，分析时也就没有输出方程。

第三节　常用的时序逻辑电路

触发器具有时序逻辑的特征，可以由它组成各种逻辑时序电路，在本节只介绍寄存器和计数器的时序逻辑电路。

一、寄存器

寄存器与移位寄存器均是数字系统中常见的主要器件，寄存器用来存放二进制数码或信息，移位寄存器除具有寄存器的功能外，还可以将数码移位。

寄存器用来暂时存放参与运算的数据和运算结果。一个触发器只能寄存一位二进制数，要存多位数时，就得用多个触发器。常用的有四位、八位、十六位等寄存器。

寄存器存放数码的方式有并行和串行两种。并行方式就是数码各位从对应位输入端同时输入到寄存器中，串行方式就是数码从一个输入端逐位输入到寄存器中。

从寄存器取出数码的方式也有并行和串行两种。在并行方式中，被取出的数码各位在对应于各位的输出端上同时出现；而在串行方式中，被取出的数码在一个输出端逐位出现。

寄存器分为数码寄存器和移位寄存器两种，其区别在于有无移位的功能。

寄存器的功能是存放二进制数码，就必须具有记忆单元，即触发器，每个触发器能存放一位二进制码，存放 N 位数码就应具有 N 个触发器。寄存器为了保证正常存放数码，还必须有适当的门电路组成控制电路。

二、计数器

在数字电路中，能够记忆输入脉冲个数的电路称为计数器，计数器是一个十分重要的逻辑器件。计数器按其计数方式的不同可以分为同步计数器和异步计数器，每一种计数器又可以分为二进制计数器、十进制计数器和任意进制计数器。

（一）二进制计数器

二进制只有 0 和 1 两个数码。所谓二进制加法，就是“逢二加一”，即 0+1=1，1+1=10。也就是每当本位是 1，再加 1 时，本位便变为 0，而向高位进位，使高位加 1。

由于双稳态触发器有“1”和“0”两个状态，所以一个触发器可以表示一位二进制数，如果要表示一位二进制数，就得用 1 个触发器。

根据上述，我们可以列出四位二进制加法计数器的状态表，如表 7-3 所示，表中还列出对应的十进制数。

要实现表 7-3 所列的四位二进制加法计数，必须用 4 个双稳态触发器，它们具有计数功能。采用不同的触发器可有不同的逻辑电路，即使用同一种触发器也可得出不同的逻辑电路。下面介绍两种二进制加法计数器。

表 7-3　四位二进制加法计数状态转换表

计算顺序	电路状态				等效十进制数	进位输出 C
	Q_3	Q_2	Q_1	Q_0		
0	0	0	0	0	0	0
1	0	0	0	1	1	0
2	0	0	1	0	2	0
3	0	0	1	1	3	0
4	0	1	0	0	4	0
5	0	1	0	1	5	0
6	0	1	1	0	6	0
7	0	1	1	1	7	0
8	1	0	0	0	8	0
9	1	0	1	1	9	0

计算顺序	电路状态				等效十进制数	进位输出 C
	Q_3	Q_2	Q_1	Q_0		
10	1	0	0	0	10	0
11	1	0	1	1	11	0
12	1	1	0	0	12	0
13	1	1	1	1	13	0
14	1	1	0	0	14	0
15	1	1	1	1	15	1
16	0	0	0	0	0	0

异步二进制加法计数器。采用从低位到高位逐位进位的方式工作。构成原则是：对一个多位二进制数来讲，每一位如果已经是 1，则再记入 1 时应变为 0，同时向高位发出进位信号，使高位翻转。

异步计数器的计数脉冲 CP 不是同时加到各位触发器。最低位触发器由计数脉冲触发翻转，其他各位触发器有时须由相邻低位触发器输出的进位脉冲来触发，因此各位触发器状态变换的时间先后不一，只有在前级触发器翻转后，后级触发器才能翻转。

（二）同步二进制加法计数器

同步计数器：计数脉冲同时接到各触发器，计数脉冲到来时各触发器可以同时翻转。异步二进制加法计数器线路连接简单，各触发器是逐级翻转，因此工作速度较慢。同步计数器由于各触发器同步翻转，因此工作速度快，但接线较复杂。

同步计数器组成原则：根据翻转条件，确定触发器级间连接方式——找出 J、K 输入端的连接方式。

构成原则：对一个多位二进制数来讲，当在其末尾上加 1，若要使第 i 位改变（由 0 变 1，或由 1 变 0），则第 i 位以下皆应为 1。

从状态表 7-4 可看出，最低位触发器 FF_0 每来一个脉冲就翻转一次；FF_1 当 $Q_0 = 1$ 时，再来一个脉冲则翻转一次；FF_2 当 $Q_0 = Q_1 = 1$ 时，再来一个脉冲则翻转一次。

如果计数器还是用 4 个主从型 JK 触发器组成，根据表 7-3 可得出各位触发器的 J、K 端的逻辑关系式：

第一位触发器 FF_0，每来一个计数脉冲就翻转一次，$J_0 = K_0 = 1$。

第二位触发器 FF_1，在 $Q_0 = 1$ 时再来一个脉冲才翻转，$J_1 = K_1 = Q_0$。

第三位触发器 FF2，在 $Q_1 = Q_2 = 1$ 时再来一个脉冲才翻转，故 $J_2 = K_2 = Q_1Q_2$。

第四位触发器 FF3，在 $Q_2 = Q_1 = Q_0 = 1$ 时再来一个脉冲才翻转，故 $J_3 = K_3 = Q_2Q_1Q_0$。

根据以上关系可以得到四位二进制同步加法计数器级间连接的逻辑关系如表 7-5 所示。

表 7-4　二进制加法计数器状态表

脉冲数（CP）	二进制数		
	Q_2	Q_1	Q_0
0	0	0	0
1	0	0	1
2	0	1	0
3	0	1	1
4	1	0	0
5	1	0	1
6	1	1	0
7	1	1	1
8	0	0	0

表 7-5　四位二进制同步加法计数器级间连接的逻辑关系

	触发器翻转条件	J，K 端逻辑表达式
FF_0	每输入一 CP 翻一次	$J_0 = K_0 = 1$
FF_1	$Q_0 = 1$	$J_1 = K_1 = Q_0$
FF_2	$Q_1 = Q_0 = 1$	$J_2 = K_2 = Q_1Q_0$
FF_3	$Q_2 = Q_0 = 1$	$J_3 = K_3 = Q_2Q_1Q_0$

在上述的四位二进制加法计数器中，当输入第 16 个计数脉冲时，又将返回初始状态“0000”。如果还有第五位触发器的话，这时应是“10000”，即十进制数 16。但是现在只有四位，这个数就记录不下来，这称为计数器的溢出。因此，四位二进制加法计数器，能记得的最大十进制数为 $2^4 - 1 = 15$。n 位二进制加法计数器，能记录的最大十进制数为 $2^n - 1$。

（三）二-十进制计数器

在四位二进制计数器的基础上可以得出四位十进制计数器，所以称为二-十进制计数器。

二-十进制采用 8421 编码方式，取四位二进制数前面的“0000”~“1001”来表示十进制的 0~9 这 10 个数码，而去掉后面的“1010”~“1111”等 6 个数。也就是计数器计到第 9 个脉冲时再来一个脉冲，即由“1001”变为“0000”。经过 10 个脉冲循环一次。表 7-6 所示是 8421 码十进制加法计数器的状态表。

表 7-6 十进制加法计数器状态表

脉冲数（CP）	二进制数				十进制数
	Q_3	Q_2	Q_1	Q_0	
0	0	0	0	0	0
1	0	0	0	1	1
2	0	0	1	0	2
3	0	0	1	1	3
4	0	1	0	0	4
5	0	1	0	1	5
6	0	1	1	0	6
7	0	1	1	1	7
8	1	0	0	0	8
9	1	0	0	1	9
10	0	0	0	0	进位

1. 同步十进制计数器

与二进制加法计数器比较，第 10 个脉冲不是由“1001”变为“1010”，而是恢复为“0000”，即要求第二位触发器 FF_1 不得翻转，保持“0”态，第四位触发器 FF_3 应翻转为“0”。十进制加法计数器采用 4 个主从型 JK 触发器组成时，J、K 端的逻辑关系式如下。

第一位触发器 FF_0，每来一个计数脉冲就翻转一次，$J_0 = 1$，$K_0 = 1$。

第二位触发器 FF_1，在 $Q_0 = 1$ 时再来一个脉冲翻转，而在 $Q_3 = 1$ 时不得翻转，故 $J_1 = Q_0Q_3$、 $K_1 = Q_0$。

第三位触发器 FF_2，在 $Q_1 = Q_0 = 1$ 时再来一个脉冲翻转，故 $J_2 = Q_1Q_0$， $K_2 = Q_1Q_0$。

第四位触发器 FF_3，在 $Q_2 = Q_1 = Q_0 = 1$ 时，再来一个脉冲翻转，并来第 10 个脉冲时应由“1”翻转为“0”，故 $J_3 = Q_2Q_1Q_0$，$K_3 = Q_0$。

根据以上关系可以得到四位二进制同步加法计数器级间连接的逻辑关系如表 7-7 所示。

表 7-7 四位二进制同步加法计数器级间连接的逻辑关系

	触发器翻转条件	J、K 端逻辑表达式
FF_0	每输入一 CP 翻一次	$J_0 = K_0 = 1$
FF_1	$Q_0 = 1$	$J_1 = Q_0Q_3$， $K_1 = Q_0$
FF_2	$Q_1 = Q_0 = 1$	$J_2 = K_2 = Q_1Q_0$
FF_3	$Q_2 = Q_0 = 1$	$J_3 = Q_2Q_1Q_0$， $K_3 = Q_0$

2. 任意进制计数器

用一片 CT74LS290 构成 10 以内的任意进制计数器。下面以构成六进制计数器为例加以介绍。其六进制计数器的输出状态如表 7-8 所示。

表 7-8　六进制计数器的输出状态表

脉冲数（CP）	二进制数				六进制数
	Q_3	Q_2	Q_1	Q_0	
0	0	0	0	0	0
1	0	0	0	1	1
2	0	0	1	0	2
3	0	0	1	1	3
4	0	1	0	0	4
5	0	1	0	1	5

参考文献

[1] 李钊年. 电工电子学 [M]. 北京：北京航空航天大学出版社，2017.
[2] 毛志阳，马东雄. 电工电子综合实训 [M]. 北京：北京邮电大学出版社，2017.
[3] 刘义杰，张国斌，宋建勋. 电工电子技术 [M]. 上海：上海交通大学出版社，2017.
[4] 李锁牢，王彬. 电工电子技术 [M]. 成都：电子科技大学出版社，2017.
[5] 张云龙，展希才，郭婵. 电工电子技术 [M]. 北京：北京理工大学出版社，2017.
[6] 殷埝生. 电工电子实训教程 [M]. 南京：东南大学出版社，2017.
[7] 张卫卫，马磊，王美娟. 电工与电子技术 [M]. 保定：河北大学出版社，2017.
[8] 倪元敏，李坤宏. 电工与电子技术 [M]. 南京：东南大学出版社，2017.
[9] 左义军，孙小霞. 电工电子技术 [M]. 延吉：延边大学出版社，2017.
[10] 卢军锋，范凯，李永琳. 电工电子技术及应用 [M]. 西安：西安电子科技大学出版社，2017.
[11] 马永轩，张景异. 电工与电子技术实验 [M]. 沈阳：东北大学出版社，2018.
[12] 彭小峰，王玉菡，杨奕. 电工电子技术实验 [M]. 重庆：重庆大学出版社，2018.
[13] 宋弘. 电工电子基础 [M]. 成都：西南交通大学出版社，2018.
[14] 张旭红. 汽车电工电子技术 [M]. 长沙：湖南师范大学出版社，2018.
[15] 郑火胜，杨可. 电工与电子技术 [M]. 武汉：华中科技大学出版社，2018.
[16] 李英，陈祥光，赫永霞. 电工电子技术 [M]. 大连：大连海事大学出版社，2018. 09.
[17] 李惟，郭应时. 电工与电子技术实验教程 [M]. 西安：西安电子科技大学出版社，2018.
[18] 杨健平，李锦蓉. 电工电子技术基础与技能 [M]. 北京：国家行政学院出版社，2018.
[19] 崔保记. 电工电子技术基础教程 [M]. 西安：西北大学出版社，2018.
[20] 张建明. 电工电子技能训练方略 [M]. 北京：现代出版社，2018.

[21] 范次猛．电工电子技术基础［M］．北京：北京理工大学出版社，2019.
[22] 牛海霞，李满亮．电工电子技术应用［M］．北京：机械工业出版社，2019.
[23] 郭宝清．电工电子技术基础［M］．哈尔滨：哈尔滨工程大学出版社，2019.
[24] 孙君曼，方洁．电工电子技术［M］．北京：北京航空航天大学出版社，2019.
[25] 夏球．电工电子技术训练［M］．北京：北京理工大学出版社，2019.
[26] 谢宇，黄其祥．电工电子技术［M］．北京：北京理工大学出版社，2019.
[27] 李尊尊．电工电子技能实训教程［M］．西安：西安电子科技大学出版社，2019.
[28] 牟俊．电工电子技术实验教程［M］．成都：电子科技大学出版社，2019.
[29] 余仕求，李锐．电工电子实习教程第2版［M］．武汉：华中科技大学出版社，2019.
[30] 张晓辉．电工与电子技术［M］．秦皇岛：燕山大学出版社，2020.
[31] 杨清德，包丽雅．电工电子基础［M］．重庆：重庆大学出版社，2020.
[32] 周晓波，胡蝶，付双美．电工电子技术［M］．哈尔滨：东北林业大学出版社，2020.